天下文化
BELIEVE IN READING

系統失靈
的陷阱

杜 絕 風 險 的 聰 明 解 決 方 案

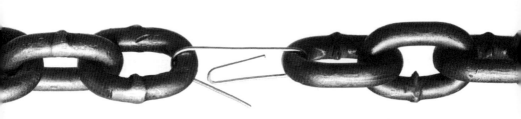

MELTD●WN
WHY OUR SYSTEMS FAIL AND WHAT WE CAN DO ABOUT IT

克里斯·克利菲爾德 Chris Clearfield、

安德拉斯·提爾席克 András Tilcsik ——著

劉復芩——譯

MELTDOWN
WHY OUR SYSTEMS FAIL AND WHAT WE CAN DO ABOUT IT

CONTENTS 目錄

MELTDOWN

名詞

一、核子反應爐然料過熱、爐心熔毀意外；多肇因於地震、
　　海嘯、測試不慎、人為疏失，甚或只是閥門卡住。

二、系統崩潰或故障。

尋常的一天

「『空的』二字還加上了引號，這令我費解。」

不該發生的意外

那是六月下旬一個溫暖的禮拜一，下班尖峰時刻之前。[1] 安和大衛・惠爾利參加醫院志工說明會結束準備返家，坐上往華府的一一二號地鐵的第一節車廂。一名年輕女子讓出了前座的位子，惠爾利夫婦比肩而坐，兩人從高中開始就一直這樣形影不離。六十二歲的大衛最近剛退休，夫妻兩人準備慶祝結婚四十週年，到歐洲玩一趟。

曾任空軍軍官的大衛是獲勳戰鬥機駕駛。事實上，九一一恐攻發生時，就是由他坐鎮指揮戰機飛抵華盛頓特區，並命令飛行員自行判斷射下任何對該市造成威脅的客機。[2] 不過，即使他當過司令官，但仍拒絕坐車，他喜歡搭地鐵。

下午四點五十八分，司機突然急踩煞車，規律的喀喀輪響被刺耳的尖嘯聲中斷，當下時空交織著破碎的玻璃、彎曲的金屬和尖叫聲，一一二號列車撞到東西了：那是一輛不知為何停在軌道上的火車。巨大的撞擊讓13英尺厚的車體擠壓成殘骸，扭曲變形的座椅、天花板和金屬桿擠入車廂內，造成大衛、安和其他七人死亡。

這樣的意外根本就不該發生。總長100英里的大華府地鐵系統中，所有列車都受到嚴密監控。若兩車太靠近，就會自動減速。可是，那一天，當一一二號列車過彎時，另一輛火車就已停在前方──因此未能偵測到，於是一一二號列車自動加速，畢竟，感應器顯示軌道是淨空的。等到司機看到前方靜止的列車、而踩下緊急煞車時，已經來不及了。

救難人員將傷者從火車殘骸中拉出，地鐵工程師得加把勁，他們需要確保其他乘客安全無虞。要做到這一點，他們得先解開謎團：**一輛有兩個足球場長的火車，怎麼會在雷達上消失？**

系統崩潰

失事的一一二號列車所遇到的這類警示系統失常屢見不鮮。請看以下新聞標題，這些事件都發生在同一個禮拜內：

- 巴西發生礦災慘劇
- 又發生駭客入侵：連鎖旅館遭植入信用卡偷竊惡意程式

- 現代汽車召回有煞車瑕疵的問題車
- 弗林特水源災難，華府揭露「政府失靈」真相
- 「重大情報失誤」導致巴黎恐攻事件
- 溫哥華男子冤獄近三十年獲賠
- 伊波拉應變：科學家爆「弱到危險的全球系統」
- 審訊七歲女孩遭謀殺案，變成歸咎系統失靈的連續劇
- 開墾之火燎原不可收拾，造成印尼生態浩劫
- 奇波雷餐廳爆大腸桿菌疫情，食品藥物管理局在華盛頓州和奧勒岡州展開調查

　　看起來這一週似乎特別倒霉，其實不然，每個禮拜總會發生幾次災難。一個禮拜是工業意外、另一週是企業破產，還有一次是可怕的醫療錯誤。即使是小問題也會造成重大災害。例如，好幾家航空公司因為技術系統的小差錯，便決定全面停飛，讓旅客受困好幾天。³這些問題讓我們生氣，但卻不令人意外。要在二十一世紀生存，得倚賴一個又一個對我們生活造成重大影響的複雜系統——從供電系統、淨水處理廠、交通系統和通訊網路，到醫療保健和法律等等。可是，有時候這些系統卻讓我們失望。

　　這些失敗——甚至包括英國石油公司（BP）的墨西哥灣漏油事件、福島核災和全球金融危機等大規模的系統崩潰——似乎肇因於不同的問題。但其實其潛在成因卻出乎意料地類

似。這些事件有個共同的DNA，研究人員才剛開始認知到這一點。擁有同樣的DNA，意味著某一產業的失敗經驗足以提供其他領域借鏡：牙醫可以向飛行員學習，而行銷團隊可以記取特種部隊的教訓。徹底了解諸如深水鑽油和高海拔登山這類高風險特異活動的失敗原因，對於避免普通系統的失敗也能有所幫助。其實，日常的系統崩潰──不成功的專案、差勁的用人決定，甚至是徹底失敗的晚餐派對──都和漏油與登山意外有諸多共同之處。幸好，過去幾十年來，全球研究人員已找到解決方案，能協助我們做出決策、組織團隊、設計系統，以預防這類常見的系統崩潰。

本書規劃

　　本書分為兩個部分，第一部分探索系統為何失敗，並揭露表面上極不相同的事件其實都有一樣的成因，像是星巴克社交媒體災難、三哩島核災、華爾街系統漏洞和英國小鎮郵局一宗奇怪的醜聞等。第一部分還探討進步的矛盾：我們的系統變得更能幹，但同時也變得更複雜、更沒有轉圜餘地，創造出一個小隙沉舟的環境。以往無害的系統如今卻意外置人死地、讓企業破產、令無辜者入獄。本書第一部分並指出，那些讓系統容易出錯的改變也助長了國際犯罪事件，像是駭客或詐騙等等。
　　第二部分──占本書絕大部分──審視你我都能採用的

解決方案，探討人們是如何從小錯學習、找出大威脅可能正在醞釀之處，接待人員勇於違抗老闆而救人一命，飛行員最初斥之為「禮儀學校」的訓練計畫是如何變成讓飛行更安全的原因之一。同時檢視為什麼多元化能幫助我們避免鑄下大錯，以及聖母峰登山者和波音工程師如何展現簡單的力量。我們將看到電影工作人員和急診室醫護人員如何處理意外——以及他們的做法如何能用來拯救管理不當的臉書首次公開發行股票（IPO），以及塔吉特百貨（Target）進軍加拿大失利。我們會回到消失的地鐵列車之謎，驚覺到工程人員原本幾乎就要能阻止這場悲劇的發生。

我們各自從完全不同的背景來合著這本書。克里斯最初擔任衍生性金融商品交易員，2007年到2008年的金融危機期間，他在崗位上親眼看見雷曼兄弟公司（Lehman Brothers）垮台、全球股票市場崩盤。就在那個時候，他開始接受飛行員訓練，對於避免災難性故障也逐漸感興趣。安德拉斯則來自於研究界，專門探究為何組織受複雜性所苦。幾年前，他開了一門課，名為「組織災難性故障」，吸引各領域的管理者一起研究重大事故，並分享他們自己的日常失靈經驗。

本書的參考資料包括意外報告、學術研究，以及廣泛訪談各領域人士，從企業執行長到首次購屋者都包括在內，我們整理出的觀念能夠解釋各種故障原因，並提供任何人皆可採行的實用見解。在這個系統崩潰的時代，這些見解有助於在公私領域做出優良決策、管理成功的組織，並對付重大的全球挑戰。

五箱「空的」氧氣罐

我們撰寫本書早期訪問了班・伯曼（Ben Berman）。擁有哈佛大學經濟學學位的伯曼是美國太空總署（NASA）研究員、民航機機長，也曾當過事故調查員。他表示，航空學可視為了解小改變能避免大災難的理想實驗室。[4]

雖然飛機發生事故的機率微乎其微，[5]但每天有上萬架商業航班起降，仍不免有許多非災難性的故障發生，幸而會有清單和警告系統等偵錯裝置，在情況失控之前發現錯誤。

可是，意外還是會發生。當意外發生時，有極其豐富的數據資源可看出是哪裡出錯。駕駛艙錄音和黑盒子提供飛機撞擊前機組員採取的行動和飛機資訊，這些紀錄對於伯曼這樣的調查人員至關重要，他們到墜機地點深究人類災難，以防止未來意外再度發生。

西元1996年一個美麗的五月下午，伯曼與家人待在紐約市，此時，他的呼叫器響了。他是國家運輸安全委員會（National Transportation Safety Board）的「行動團隊」組員，專門負責在重大意外發生時到現場進行調查。他收到消息，[6]載有一百多名乘客的瓦盧杰航空（ValuJet）五九二班機在邁阿密起飛十分鐘後，便在雷達上消失，墜毀在佛羅里達州的大沼澤地國家公園。機艙起了火——從機長對塔台的廣播中可清楚聽到——但至於起火的原因是什麼,則令人費解。

伯曼隔天抵達現場,空氣中還殘留飛機燃油的氣味。殘骸散布在茂密的草本沼澤,但看不到機身或其他任何像飛機的形體。飛機碎片被掩埋在及腰的泥水和一層層的鋸齒草與沼澤腐泥裡。球鞋和涼鞋散浮在表面。

搜救人員在黑泥水裡搜尋,而伯曼則在邁阿密機場集合組員,開始訪問曾處理這架班機的地勤人員。航務員輪流進入瓦盧杰航空航站經理辦公室裡、調查人員設置的臨時訪談處。多數面談內容如下:

伯曼:你是否注意到飛機有異常?

航務人員:沒有異狀,真的……

伯曼:你保養這架飛機時有任何不尋常之處嗎?將飛機拖離時?或其他時候?

航務人員:沒有,一切正常。

伯曼:有**任何事**引起你特別注意嗎?

航務人員:沒有,真的,什麼都沒有。

沒有人發現任何不尋常之處。

伯曼趁空檔喝了一口咖啡,航站經理桌上的一疊文件引起他的興趣。最底下的一張紙露了出來,上面有個簽名,簽名的是坎達琳‧庫貝克（Candalyn Kubeck），她是那班飛機的機長。伯曼拿起這疊文件翻閱，沒什麼特別之處，不過是瓦盧杰五九二班機的標準航班文件。

可是，其中有一頁引起了他的注意：[7]

薩博科技

運貨單   NO: 01041

運至：喬治亞州30320亞特蘭大市，
　　　哈茨菲爾德機場，C航站，瓦盧杰航空
日期：1996年5月10日
經由：瓦盧杰航空（公司物品）

項目	數量	計量單位	料號	序號	狀態	描述
1	5	每個	「五箱」			氧氣罐
						「空的」
...						
...						

那是航空公司維修合約商薩博科技的運貨單，明列機上載有瓦盧杰「公司物品」。伯曼感到好奇，失事前飛機起火，而這裡又有文件顯示機上載有氧氣罐，另外還有別的東西：「『空的』二字還加上了引號，這令我費解，」伯曼告訴我們。

研究人員來到薩博科技公司在機場的辦公室，找到了當初簽這張運貨單的職員，這才知道，單子上寫的氧氣罐其實是化學氧氣發生器，該裝置就是機艙失壓時從艙頂置物櫃掉落的面罩的氧氣來源。

「所以，這些罐子是空的嗎？」伯曼問。

「它們已經報廢——不能用、過期了。」

這是一大警訊。化學氧氣發生器啟動後會產生極高溫，在錯誤的情況下，原本用來救命的氧氣會造成熾火煉獄。如果那些箱子裡是過期的氧氣發生器——安全使用期限已過——則它們並非空罐子，而是運進飛機的強力定時炸彈。怎麼會發生這種事呢？這批致命的貨物是怎麼運上客機的？

調查結果發現一連串的疏失、巧合和日常混亂。瓦盧杰買了三架飛機，並雇用薩博科技公司在邁阿密機場的機棚進行翻新。這三架飛機上許多氧氣發生器都已過期、需要替換。瓦盧杰航空告訴薩博科技，如果發生器裡的氧氣還未**耗盡**（也就是說，還能夠產生氧氣），就得裝上安全瓶蓋。

可是，人們對於**耗盡**的氧氣罐和**過期**的氧氣罐混淆不清，有些已經過期而且沒有氣體，有些沒有氣體但還沒過期，另外還有尚未耗盡又沒有過期的備用品。「如果分不清楚，不要在這上面花時間——薩博科技的技師沒有、也不該這麼做，」[8]身兼記者與飛行員的威廉·蘭威奇（William Langewiesche）在《大西洋月刊》（Atlantic）裡寫道：

是的，也許有某位技師出示他的瓦盧杰工作證，拿到了超大本的MD-80維修手冊，並翻到35-22-01章節，裡面的第「h」行指示他要「存放或丟棄氧氣罐。」該技師努力查詢所有做法，也許還在手冊別處找到「所有可用和不可用（未耗盡）的氧氣發生器（罐）都要妥善儲存、不得暴露在高溫或可能損害之下」的指示。他仔細思考其言下之意，也許會推斷「未耗盡」的氧氣罐就是「不可用」的氧氣罐，而由於他沒有裝上安全瓶蓋，也許他應該依照2.D章節的指示，把這些氧氣罐放到安全區域，並將它們「啟動放氣」。

於是，這樣的程序繼續下去：出現更多細節、更多區分、更多專有名詞、更多警告、更多「工程師說」。

這些發生器沒裝上安全蓋，最後被放入紙箱，並於幾個禮拜後被帶到薩博科技公司的收發部門，直到有一天，收發部員工被告知要清理儲藏室。在他看來，把這些箱子運到瓦盧杰航空位於亞特蘭大的總部是很合理的做法。

氧氣罐上貼有綠色標籤。技術上來說，綠色標籤代表「可修理」，但不知技師貼上綠色標籤是什麼意思。收發部職員以為該標籤代表「不能用」或「報廢」。於是他推斷這些罐子是空的。另一位職員填寫運貨單，並寫上加了引號的「空的」和「五箱」。加引號只不過是個習慣。

這些箱子在系統中過了一關又一關，從技師到職員，從航務人員到飛機貨艙。機組員沒有發現問題，機長庫貝克在班機文件上簽了名。「因此，乘客的最後防線潰決，」蘭威奇寫道。「他們運氣不好，是系統殺了他們。」

* * *

華府一一二號地鐵和瓦盧杰五九二班機的失事調查結果顯示，這兩件意外起因相同：日益複雜的系統。當一一二號地鐵撞毀時，國家公共廣播公司製作人潔思敏・賈斯德（Jasmine Garsd）正好開車行經現場。[9]「撞擊就像快轉的電影突然急煞，」她回憶道。「事故當下你會體悟到兩件事情：在我們建造的這個巨大機器世界裡，人類有多麼渺小脆弱，以及我們對於這脆弱性是多麼無知。」

但還是有希望，幾十年來，對於複雜性、組織行為和認知心理學的理解，已能讓我們一窺小錯誤是如何造成大失敗。我們不僅了解這類意外如何發生，還了解到防微杜漸的道理。全球各地已經有企業、研究人員和團隊揭竿起義，找出防止系統崩潰的解決方案──而且不需要先進科技或百萬預算就可以做到。

2016年春天，我們安排班・伯曼來到爆滿的航空風險管理課堂上講課。學員來自各種背景：人力資源專員和公務員，企業家和醫生，非營利事業主管和律師，甚至還有時尚界人士。

可是，伯曼的課不分專業領域全都適用。「系統故障，」他對學員說，「代價非常高昂，而且很容易被低估——你的職涯或人生遇到這種情況的機率非常大。」他停頓了一下、環顧觀眾。「我認為，好消息是，你可以做出實質貢獻。」

第一部分

隨處可見的故障

MELTD!WN

第 一 章
危險地帶

「哦，這會很有意思。」

三哩島事件

凡塔納核電廠座落在宏偉的聖蓋博山下，就在洛杉磯東邊
40英里處。一九七〇年代末期該區發生地震，廠內警鈴大作、
警示燈閃個不停，控制室一片驚慌。在滿是各種讀數的儀表板
上，顯示反應爐中心的冷卻水溫度已達危險高度。待在控制室
的是加州瓦斯電力公司的員工，他們急忙打開安全閥以釋出多
餘的冷卻水。可是，實際的水量並不高。事實上，冷卻水水位
非常低，反應爐隨時就要暴露出來。有位主管最後終於發現水
位顯示器出錯──指針卡住了。工作人員急忙關閉安全閥、以
防反應爐整個爐心熔毀。是否發生核子災難僅在瞬息之間。

「我也許錯了，但我會說，你們還活著真是幸運，」某位
核子專家對地震發生時剛好在現場的幾位記者表示。「可以說
整個南加州的人民都一樣。」

　　還好，這場意外並不是真的，而是1979年由傑克‧李蒙（Jack Lemmon）、珍‧芳達（Jane Fonda）和麥可‧道格拉斯（Michael Douglas）主演的驚悚片《大特寫》（*The China Syndrome*）裡的情節。[1]它只是虛構的故事，至少，在電影上映前把這部片罵得狗血淋頭的那些核電廠主管是這麼說的。他們表示，這個故事完全沒有科學根據；還有位主管說它「對整個產業做出人身攻擊」。[2]

　　身兼該電影製片與演員的麥可‧道格拉斯否認說：「我有預感，片中許多情況會在二、三十年內真實發生。」[3]

　　沒等那麼久，《大特寫》上映後的第十二天，留著紅色長髮、二十六歲的英俊男子湯姆‧考夫曼（Tom Kauffman）[4]到三哩島核電廠上班，這是蓋在賓州薩斯奎哈納河中沙洲上的水泥堡壘。當時是星期三早上六點半，考夫曼感覺到不對勁，巨大冷卻塔飄出的蒸氣煙霧少於正常情況。他在門口被安檢時，就可以聽到警鈴聲。「哦，第二號機有點問題。」[5]警衛這麼告訴他。

　　廠內，控制室擠滿了操作人員，儀表板上有上百個警示燈在閃，輻射警鈴響遍全廠。[6]近七點時，主管宣布廠區進入警戒狀態，這表示廠內可能發生「無法控制的輻射外洩」。到了早上八點，該廠兩具反應爐中的其中一個有一半的核燃料已經熔毀；十點半的時候，放射性氣體已經蔓延至控制室。[7]

　　這是美國歷史上最嚴重的核能意外。[8]工程師連續好幾天設法讓過熱的反應爐穩定下來；官員擔心更糟的情況發生；科學家爭論著爐內形成的氫氣泡是否會爆炸，而且，若想手動打開安全閥、移除揮發性氣體，絕對會被輻射害死。

白宮戰情室緊急開會後，卡特總統的科學顧問把核能管理委員會專員維克多·吉林斯基（Victor Gilinsky）叫到一旁，低聲建議他找個癌末病患去開安全閥。[9]吉林斯基仔細研究他的表情，看出他並不是在開玩笑。

核電廠附近社區頓時成為鬼城，十四萬居民爭相逃離。危機進入第五天，卡特總統和第一夫人來到現場安撫恐慌情緒，兩人在鞋子外面套上了亮黃色的短靴，來保護他們不接觸到地上的輻射，並繞行全廠，讓全國民眾安心。工程師在同一天發現氫氣泡並沒有立即的威脅，重新加入冷卻水後，爐心溫度便開始下降，不過爐心溫度最高的部分還是等了一個月才開始降溫。最後，所有的公共警戒都已撤銷。不過，許多人還是覺得，三哩島是我們最大的恐懼幾乎應驗的地方。

三哩島系統崩潰始於一個簡單的水管問題。工作人員在該廠的非核區進行例行維修工作時，關閉了把水送入蒸氣產生器的抽水機。原因為何，他們至今依舊搞不清楚。有個理論說，維修期間，濕氣意外進入控制廠房儀表和調節水泵的通風系統。蒸氣產生器沒有水持續流入，就不能排出爐心的熱氣，所以反應爐的溫度和壓力才會升高。在這種情況下，依照設計會有一扇小型的洩壓閥自動打開。但接連又出了另一個小差錯。

壓力回到正常水準後，洩壓閥並未關上，它維持大開，原本應
該蓋過爐心協助降溫的水開始流掉。[10]

　　控制室的指示燈讓操作員以為減壓閥已經關上。可是，實
際上，該指示燈只是顯示閥門已被**告知**要關上，而不是**已經**關
上。而且沒有直接顯示爐心冷卻水水位的儀表，所以操作人員
靠另一種測量結果來判斷：系統中一個叫做調壓槽裡的水位。
可是，水已從打開的洩壓閥流出，所以，即使爐心的水位降
低，調壓槽裡的水位卻顯示**上升**。因此操作人員以為爐心有太
多水，但事實上他們面臨的是完全相反的問題。當緊急冷卻系
統自動打開、迫使水流進爐心時，他們卻把它關閉。於是爐心
開始熔毀。

　　操作人員知道事情不對勁，但又不知道哪裡出問題，他們
花了好幾個小時的時間才發現冷卻水全都流掉了。一個接著一
個爆出的警鈴響得人心惶惶。警報、汽笛和警示燈全都啟動，
很難判別哪些是小問題、哪些是大問題。高輻射讀數逼得控制
室人人自危、趕忙戴起呼吸器，溝通因此更加困難。

　　沒有人知道爐心溫度變得多高。有些讀數高、有些讀數
低。電腦上監控反應爐溫度的讀數一度出現以下情況：[11]

？？？？？？？？？？？？？？？？？？？？？？？？？？？？？
？？？？？？？？？？？？？？？？？？？？？？？？？？？？？
？？？？？？？？？？？？？？？？？？？？？？？？？？？？？
？？？？？？？？？？？？？？？？？？？？？？？？？？？？？

？？？？？？？？？？？？？？？？？？？？？？？？？？
？？？？？？？？？？？？？？？？？？？？？？？？？？
？？？？？？？？？？？？？？？？？？？？？？？？？？
？？？？？？？？？？？？？？？？？？？？？？？？？？
？？？？？？？？？？？？？？？？？？？？？？？？？？
？？？？？？？？？？？？？？？？？？？？？？？？？？

　　核能管理委員會的情況幾乎一樣糟糕。「那些不確定又往往互相矛盾的資訊很難處理，」吉林斯基回憶道。「各方給我一堆無用的建議。沒有人掌握到發生了什麼事，或者該怎麼辦。」[12]

　　那是個令人不解、前所未見的危機。它改變了我們對現代系統失靈的一切認知。

災難大師

　　三哩島意外發生的四個月後，一輛郵車吃力地爬上紐約州波克夏山上的小路，前往山下希爾代爾市一間幽靜的小木屋。那是一個燥熱的八月天，司機跑錯好幾個地方才找到那裡。郵車停妥，一名纖瘦、卷髮的五十幾歲男子從木屋走出、迫不及待地簽收包裹——大紙箱裡裝滿了關於工業意外的書籍和文獻。

　　這名男子是查爾斯・佩羅（Charles Perrow）[13]，他的朋友叫他「齊克」。佩羅是最不可能顛覆災難性故障科學的人，他不是工程師，而是社會學教授。他之前對於意外、核能發電或安全毫無研究。他的專長是組織，而非災難。他最新發表的文章名為「弱勢族群的造反：談1946到1972年的農場工人運動」（Insurgency of the Powerless: Farm Worker Movement, 1946-1972）。三哩島事故發生時，他正在研究十九世紀新英格蘭紡織廠的組織。

社會學家很少對諸如核能安全這類攸關生死的議題發揮重大影響。曾有個《紐約客》（New Yorker）漫畫家嘲諷這門學科，[14]畫了一個讀報的男人，報上的頭條是「社會學家群起抗議！！！國家岌岌可危！！！」然而，就在這箱文件送達佩羅住處的五年之後，他的著作《當科技變成災難——與高風險系統共存》（Normal Accidents）——針對高風險產業災難的研究——成為學術界遵從的經典之作。各種不同領域的專家（從核能工程師、到軟體專家和醫學研究人員）無不搶讀這本書，並加以討論。佩羅接受了耶魯大學的教授職，等到他第二本關於災難的書出版時，《美國前景》雜誌（American Prospect）讚譽他的書已「奪得代表性地位」。[15]該書推薦人之一還稱他為「公認的『災難大師』」。[16]

佩羅開始對系統崩潰感興趣，是因為三哩島事故總統委員會請他研究該事件。委員會一開始只規劃聽從工程師和律師的說法，但委員中唯一的社會學家建議他們也應該請教佩羅。她

直覺認為他們可以請益社會科學家；了解組織如何在現實世界
裡運作的社會學家是最佳人選。

佩羅接獲該委員會聽證會的紀錄副本後，花了一個下午的
時間全部讀完。當晚他輾轉難眠，終於入睡後，做了一個自從
他參加二次世界大戰以來最可怕的噩夢。「操作人員的證詞深
深刻在我腦海，」[17]多年後他回憶道。「這是個有高度災難性
風險的科技，長達好幾個小時的時間，他們毫無頭緒……我
突然發現我深陷其中、處於危機中心，因為這正是最典型的組
織問題。」

他有三個禮拜的時間要完成十頁的報告——送文件來的
研究生也一起幫忙——最後他在期限內寫出了長達四十頁的
論文。之後，他組了一個團隊，後來並形容該團隊是「有毒
害又具腐蝕性的團隊，那些研究生助理愛與我及彼此爭論不
休。」[18]佩羅回憶道，這真是「全校最灰暗的團隊，以苦中作
樂的幽默聞名。我們每週一開會時，總有人會說：『這個週末
真適合做研究，』然後細數最近發生了哪些災難。」

該團隊反映出佩羅的個性。有位學者說他是討厭鬼，但稱
他的研究為「明燈」。[19]學生說他是個嚴格的老師，但他們喜
愛上他的課，因為他們受益匪淺。他在學術界以提出極嚴厲但
有建設性的批評著稱。[20]「齊克對我的研究的評讀是我判斷自
己成功與否的指標，」[21]有位作者寫道。「他每次都能寫出好
幾頁有道理但幾近苛刻的評論，最後再寫上『愛你的，齊克』

或『一向敏感的我自己』。」

一連串小失誤的結合

佩羅對研究三哩島事件了解愈多，就變得愈不可自拔。這是個重大意外，但它的原因卻微不足道：不是大地震或嚴重工程疏失，而是小失誤的結合——管道問題、卡住的安全閥和模糊不清的指示燈。

它是個快速發生的意外。想想看，一開始的管線故障、造成水泵無法將水送入蒸氣產生器，反應爐壓力因此上升，洩壓閥大開、未能關上，然後閥門位置指示錯誤——全在**13秒**內發生。不到十分鐘，就已經毀及爐心。

在佩羅看來，把罪過全部推給操作人員顯然不適當。官方調查將廠房人員列為罪魁禍首，但佩羅了解到，他們的疏失只是事後追溯才呈現，他稱之為「回溯性錯誤」。[22]

以這當中最重大的失誤為例，也就是以為冷卻水過多、而非過少，當操作人員做出這樣的判斷後，所有看到的相關讀數都未顯示冷卻水水位過低，就他們所知，水位蓋過爐心也不會有危險，所以他們把注意力都放在另一個嚴重的問題：水淹系統的危險。雖然還是可能有其他指標協助找出問題的真正成因，但操作人員卻以為儀器失靈。而且這是個很合理的假設：儀器發生故障。研究人員尚未發現廠內發生一連串少見的小失誤之前，操作人員的決策似乎很合理。

這是個可怕的結論，發生了史上最嚴重的核能意外，但又不能歸咎於明顯的人為疏失或大地震，它莫名其妙地就從同時出現的一堆小失誤中發生了。

佩羅認為，該意外並非怪異的巧合，而是核能發電廠這個系統的基本特性。失靈肇因於不同部分之間的連結，而非它們本身。[23] 濕氣進入通風系統，這件事本身並不是個問題，但透過它和水泵與蒸氣產生器、閥門，以及反應爐的連結，就產生了重大影響。

多年來，佩羅和他的學生團隊們吃力地詳閱上百宗事故的細節，從墜機到化學工廠爆炸都有。而相同的模式一再出現。系統中不同的部分出乎意料地相互作用，幾個想都沒想到的小故障意外結合在一起，人們根本不懂發生了什麼事。

佩羅的理論是，有兩項因素會讓系統容易被這類故障所影響。有些系統為**線性**：就像是汽車工廠裡的裝配線一樣，所有事情以容易預測的順序進行著。每一輛車從第一站、到第二站，然後是第三站等等，每一步驟都裝上不同的零件。若其中一站故障，就可立即清楚看出是哪裡出錯，之後會發生什麼事情也清晰可見：那就是，汽車不會送到下一站，而可能會全部堆積在這一站。在這樣的系統中，不同部分的交互作用是非常明顯，而且可預期的。

像是核能廠這樣的其他系統就比較複雜了：各個部分很可

能以隱藏且非預期的方式相互作用，複雜系統比較像一張精細的網、而非生產線，當中許多部分都錯綜複雜、很容易彼此影響。就連表面上不相干的部分也可能間接相連，而且有些子系統還會和系統的許多部分連動。所以，當某處出錯時，便到處迸發問題，很難找出到底是怎麼一回事。

讓情況更糟糕的是，複雜系統裡的情況多半是肉眼看不見的。

想像自己走在峭壁邊緣的健行路徑，離懸崖只有幾步的距離，但你的判斷力能保你安全無虞。你的頭和雙眼全神專注，確保你不會失足或太接近崖邊。

現在，想像自己必須用望遠鏡來定位同樣這條路徑，你不再能看到全景，只能在狹小、間接的視野中搜尋。你往下尋找左腳可以立足之處，然後再把望遠鏡轉向、估算你離崖邊有多遠。接著你準備移動右腳，再回頭留意路徑。此時，再想像自己只能憑藉這些零散又間接的景象、快速從這條小路**跑**下山，這就是我們企圖管理複雜系統的做法。

佩羅很快就注意到，複雜系統與線性系統之間的區別並不在於繁雜性。

例如，汽車裝配線一點都不簡單，不過各部分多半以直線和透明的方式相互作用。或以水壩為例，其建造工程令人驚奇，但是以佩羅的定義來看，也不是複雜的系統。

在複雜的系統中，我們看不出事情的真相，多半需要依賴間接指標來評估情況。

例如，在核能發電廠裡，我們無法派人進入爐心查看，需要從瑣碎之處看出全貌──壓力指標和水位監測等等。我們看得出端倪、但無法掌握全盤狀況，因此我們的判斷很容易失準。

相互作用複雜的時候，小改變就會有大影響。三哩島事故中，一點點非放射性的水分致使上千加侖放射性冷卻水流失，這是渾沌理論中的蝴蝶效應──巴西一隻蝴蝶揮動翅膀，可能在德州掀起龍捲風。[24]精通渾沌理論的學者深知，我們的模型和測量永遠無法精準到能夠預測揮動翅膀產生的效應。佩羅也提出類似觀點：我們永遠無法對複雜系統有足夠了解，以預測小故障的可能後果。

常態意外

佩羅理論的第二項因素與系統的**鬆散程度**有關。針對這一點，他借用工程學上的名詞：**緊耦合**（tight coupling）。若系統緊密結合，各部分之間便缺乏任何鬆散或緩衝之處。其中一個部分故障，就很容易影響其他部分。鬆耦合則相反：各部分之間有許多空間，所以，當其中一個失靈，系統的其他部分通常能相安無事。

在緊耦合的系統中，讓事情**大致**合格是不夠的。投入量必須非常精準，而且需要結合特定的順序和時間範圍。若某項任務第一次沒做對，則往往沒有機會再來一次。替代方案很少奏效——辦法只有一種。一切快速發生，而且處理問題時無法把系統關閉。

以核能發電廠為例，控制連鎖反應需要特定情況的配合，正確流程即使出現極小的偏差（例如卡住而關不起來的閥門）也會造成大問題。

此外，當問題發生，我們不能中止或關閉系統。連鎖反應以它自己的速度兀自進行，即便我們加以阻止，高溫還是在所難免。時機也很重要，如果反應爐過熱，幾小時後才加入冷卻劑也無濟於事——需要當下就採取行動。爐心熔毀、輻射滲出後，問題便快速擴散。

飛機製造廠的耦合就鬆散得多了。例如，機尾和機身是分開製造，任一部分出現問題，都可以在組裝前加以修復。而且哪一個部分先製造都可以。如果我們遇到任何問題，只要暫時擱置，把未完成的產品，像是只完成一半的機尾，先收在一邊，之後再回來處理即可。若把所有生產機器關閉，系統就會停止。

沒有任一系統完全符合佩羅的分類，不過，有些系統比較複雜、而且耦合緊密；有些則否，只有程度的問題。我們可以根據這兩個標準來為系統定位。佩羅最初的草稿如下：[25]

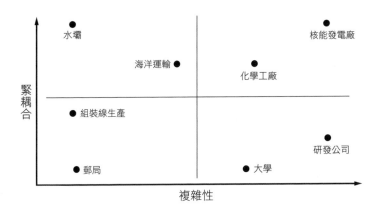

位於圖表上方的水壩和核電廠都是緊耦合，但水壩（至少傳統上來說）比較不複雜，組成部分較少、會出現不預期且隱形交互作用的機率也比較小。

靠近圖表下方的郵局和大學的耦合都比較鬆散——事情不需要精準排序，也有比較多的時間來修復問題。「在郵局，信件可能在緩衝區堆積如山、但不會響起過期警報，」[26]佩羅寫道，因為「人們能容忍聖誕節郵件潮，就像學生容忍排隊註冊一樣。」

不過，郵局的複雜性比大學低得多，它是個相當直線型的系統。反之，大學則是個錯綜複雜的官僚體制，充滿各種紛亂單位、子單位、功能、規則，以及擁有各種意圖的人們——從研究人員、教授、到學生和行政人員——往往混亂又莫名地彼此相連。佩羅本著自己在這系統中幾十年的經驗，生動地描寫出普通的學術事件——某位受學生歡迎的助理教授因為著作太少，學校決定不予升任教授職——如何為系主任搞出弔詭又意外的問題。不過，還好因為耦合鬆散的關係，該事件並未損及整個系統。社會系發生的醜聞通常不大會影響醫學系。

在佩羅的圖表上，危險地帶位於右上象限。**高複雜性加上緊耦合就會導致系統崩潰**。在複雜的系統中，小錯誤難免，一旦情勢每況愈下，這樣的系統會產生一堆莫名其妙的徵兆。無論我們多麼努力，都很難正確診斷出問題，甚至還會處理錯問題而讓情況更糟。如果該系統同時也緊密耦合，就更難阻止骨牌效應。故障迅速擴散到失控的地步。

佩羅將這種崩潰稱為**常態意外**。「常態意外，」[27]他寫道，「就是每個人都努力地小心行事，但因為兩件或更多的故障出現意料之外的相互作用（由於互動複雜性）導致接二連三的故障（由於緊耦合）。」這種意外屬於常態性，不是因為經常發生，而是因為它很自然又難以避免。「人皆有死，這是常態，但我們只死一次。」[28]他調侃。

佩羅承認，常態意外極為少見。多數災難都是可預防的，而且其直接成因並非複雜性和緊耦合，而是可避免的錯誤——管理失當、忽略警訊、溝通不良、訓練不足和衝動冒險。不過，佩羅提出的架構還能幫我們了解這些意外：**複雜性和緊耦合也會造成可預防的系統崩潰**。若系統很複雜，我們對於它如何運作及內部情況的理解可能較不正確，人為錯誤就更可能和其他錯誤複雜交錯，而緊耦合則讓故障更難控制。

假設某個維修工人不小心出了小差錯——例如關錯閥門，有許多系統每天都會吸收這樣的微小失靈，但三哩島事件則顯示，在對的條件之下，小差錯也會造成大災害。複雜性和緊耦合創造出一個危險區域，讓小錯誤滋長成大崩潰。

系統崩潰不光指大規模的工程災難。複雜和耦合的系統（與系統故障）在我們周邊隨處可見，即使是最意想不到的地方也不例外。

星巴克公關災難

2012 年冬天，星巴克推出最新社交媒體促銷活動，讓咖啡愛好者醞釀過節的心情。[29]該活動要顧客在推特上寫出節慶留言，然後標記「散播歡樂」。該公司還贊助了倫敦自然歷史博物館前的溜冰場，架設大型螢幕，隨時播放民眾加上標記的留言。

這真是個聰明的行銷創意。顧客為星巴克免費提供內容，並讓網路上充滿溫馨絢麗的留言，歌頌即將到來的佳節以及他們最熱愛的星巴克飲料。這些留言不只出現在網路上，還會登在大螢幕上，讓溜冰者、場邊喝咖啡的人們、博物館參觀者和路人全都可以一目瞭然。不合適的留言會先透過網路過濾器加以刪除，讓大家看到的全都是過節氣氛，以及與之息息相關的星巴克熱飲。

十二月中旬的星期六傍晚，溜冰場一切正常。這時候，在星巴克公司不知情之下，過濾器故障了，下方這類留言全都出現在巨型螢幕上：

- 我喜歡在乖乖繳稅的店裡買好喝的咖啡。所以我不去@星巴克。＃散播歡樂。

- 嘿＃星巴克，繳你他媽的稅＃散播歡樂。

- 如果像星巴克這樣的公司依規定繳稅，博物館就不用拉低格調去做廣告＃散播歡樂

- ＃散播歡樂　逃稅的無恥之徒

這些留言指的是最近因星巴克採用合法避稅技巧所引起的爭議。

二十多歲的社區幹事凱特・塔伯特（Kate Talbot）用手機照下大螢幕上這些留言，上傳推特，並寫道：「哦，天哪，星巴克在國家歷史博物館有個大型螢幕會登出他們的＃散播歡樂留言。」很快的，塔伯特自己的推文也上了螢幕。她於是又上傳另一段推文：「我的老天，他們登出我的推文了！公關部門的人趕快出來……＃散播歡樂＃星巴克＃繳你的稅。」

　　慘狀不斷的消息迅速在推特上散播，鼓勵更多人來留言。
「現在倫敦的星巴克把推特上所有標記散播歡樂的留言全部照
登，」有名男子推文。「哦，這會很有意思。」
　　推文大量湧入，勢不可當。

- 今年聖誕星巴克是否會停止剝削員工、開始貢獻國家稅
  收，藉此＃散播歡樂呢？＃逃稅＃最低生活工資

- 親愛的＠英國星巴克，在博物館設大螢幕刊登所有推文
  是明智之舉嗎？＃散播歡樂＃繳你的稅

- 粉碎星巴克！革命萬歲，除了你貴的要命的糖漿牛奶咖
  啡之外，你沒有任何損失＃散播歡樂

- 也許星巴克應該雇用最低薪資、沒有福利也沒有有給午
  休的「咖啡師」來監看與檢查推文＃散播歡樂

- 公關災難最佳案例＃散播歡樂

　　星巴克在齊克・佩羅的世界裡找到了屬於它的立足點。
　　社交媒體是個複雜的系統，它的組成份子包括無數觀點與
動機各異的人們，很難知道他們是誰，以及他們如何看待某個

宣傳活動，也很難預測他們對於諸如星巴克過濾器失靈的這種錯誤會有何反應。凱特・塔伯特的反應是照下螢幕內容、分享在網路上。有些人則利用標記讓自己的推文刊登在明顯的位置。傳統媒體也對此次的推文風暴做出回應，專題探討公關噱頭是如何打錯如意算盤，讓粗劣的宣傳手法成為重點新聞，並讓更多人知曉。這些都是內容過濾器、塔伯特的照片、其他推特用戶的反應，以及各大媒體對此次意外爭相報導所產生的相互作用。

內容過濾器故障時，系統耦合更加緊密，因為此時任何推文都自動刊登於大螢幕上。星巴克發生公關災難的新聞迅速在推特上散播——這是故意設計的緊耦合系統。起初，只有少數人分享這項訊息，然後他們的跟隨者也分享出去，那些跟隨者的跟隨者再分享，以此類推。甚至在過濾器修好之後，負面推文仍舊一面倒。星巴克完全無力阻止。

節日歡樂的活動似乎和核能廠一點關係也沒有，但佩羅的理論還是用得上。事實上，我們可以在各種地方發現複雜性和耦合的例子，就連在家裡也不例外。以感恩節晚餐為例，我們多半不會把它想成是一種系統。但首先，趕回家過節的人數大增：感恩節前後是一年中的返鄉旺季。在美國，感恩節是十一月的第四個禮拜四；以佩羅理論的術語來說，沒有鬆散的空間——總在固定的那一天過節。大量的返鄉潮還創造出複雜的交互作用：路上的汽車造成阻塞，而且，以空中交通的網路結構來看，像芝加哥、紐約或亞特蘭大這樣的重要樞紐一旦天氣不佳，就會造成漣漪效應，讓全國的旅客陷入困境。

其次是晚餐本身。許多家庭只有一個烤箱，所以傳統的感恩節烤肉和烘焙菜餚——火雞、烤盤菜和南瓜派——全都互相牽連。如果盤菜或火雞烘烤的時間超過原本所預計，其他食物的上菜時間都得跟著延後。而且每一道菜都和另一道菜有關，餡料通常塞在火雞裡一起烤，而肉汁醬是用烤火雞流出的湯汁製作。至於肉醬義大利麵這種簡單的菜餚就不會有這樣的交互關係。

我們也很難看出這個系統內部的狀況——也就是火雞是否已經烤好、抑或還需要再烤幾個小時。為解決這個問題，有些公司增加了安全機制——在火雞上插入一個小塑膠扣，火雞烤熟時，它就會彈出來。可是這些塑膠扣也像許多安全系統一樣，是不可靠的。更有經驗的主婦會使用烤肉專用溫度計，來測量火雞內部的溫度，但還是很難精準知道需要烤多久。

感恩節大餐同時也是耦合緊密的系統：在烹煮過程中，你多半無法暫停、稍後再繼續。食物繼續料理著、客人就要來了。一旦犯錯——火雞烤過頭或缺某個食材——你也不能回頭。

就像佩羅預期的一樣，整桌菜很容易失控。多年前，美食雜誌《好胃口》（*Bon Appétit*）請讀者分享「他們最瘋狂的感恩節食物災難故事」[30]，獲得熱烈迴響，數百名讀者寄來各式各樣烹飪失敗的經驗，從火雞起火、調出一大堆肉汁醬，到餡料嚐起來像是吸了水的麵包屑等等。[31]

判斷錯誤是個常見的問題。人們擔心火雞沒烤熟，其實它已經烤得跟骨頭一樣乾。或者，他們擔心把火雞給烤焦，但其實裡面還是生的，塞在裡面的餡料也一樣沒熟。有時候，以上兩種問題同時發生：雞胸烤太熟，雞腿卻還是生的。

隨著時間一分一秒地過去，複雜性往往讓廚子手忙腳亂。他們犯了錯卻不自知，等到客人都坐下來品嚐食物時才發現為時已晚。「數百人寄來你們的故事，提到製作南瓜派、肉汁醬、烤盤菜等食物時，不小心用錯材料，」該雜誌寫道。「其中，我們最喜歡的是，有位讀者不小心把咳嗽糖漿當成香草放進冰淇淋。」

為避免感恩節災難，有專家建議簡化系統中明顯位於危險地帶的部分：火雞。「如果你把火雞肢解、分開烹煮，成功率就會高出許多，」[32]主廚傑森‧奎因（Jason Quinn）說。「把白肉烤到恰到好處，要比同時煮好白肉和紅肉簡單得多。」餡料也一樣可以分開處理。

因此，火雞就會變成較不複雜的系統。各個部分的關聯性降低，便容易看出每個部分的進度。緊耦合的狀況也降低了。你可以提早先烤某些部位——例如雞腿和雞翅。之後烤箱空間較多，就容易監看雞胸的烹飪進度，確保它烤得恰到好處。要是發生意料之外的事情，你也可以專注在眼前這個問題——不用擔心白肉、紅肉、餡料和其他食物等整個複雜系統。

降低複雜性和增加鬆散性的做法幫助我們逃離危險地帶，這是個有效的解決方案，我們稍後會在書中進一步探討。不過，最近這幾十年來，整個世界卻朝相反的方向發展：許多曾經離危險地帶很遠的系統，如今都正處於其中。

第 二 章

深水，新地平線

「明明就是複雜電腦系統的錯，卻有人銀鐺入獄。」

校園事件延燒國際

　　當艾瑞卡·克里斯塔吉斯（Erika Christakis）把電子郵件寄給她管理的學院住宿生時，壓根沒想到這封信會在整個耶魯大學校園掀起爭議、引發全國注意，還致使委屈的學生當面向她和她先生抗議。[1]她和她的先生，尼古拉斯·克里斯塔吉斯教授共同擔任耶魯大學西利曼學院的宿舍主任，這個學院住了四百多名學生，裡面有圖書館、電影院、錄音室和食堂。

　　2015年萬聖節的前幾天，耶魯大學的跨文化事務委員會寄出一封電子郵件，基於近日發生的警察槍殺黑人、白人至上主義者在南卡羅來納州教堂殺害九名做禮拜的黑人信徒，以及「真是黑人生命」激進份子主導的對話和抗議，[2]規勸學生避免種族和文化敏感的萬聖節打扮，信中還廣泛談論美國的種族和特權問題。

艾瑞卡本身是幼兒期發展專家，針對萬聖節爭議，她和尼古拉斯回覆委員會，詢問什麼樣的打扮才算適當。儘管艾瑞卡在回信中認同委員會的考量，但也質疑由行政人員下令約束學生的行為是否為正確做法。「難道我們對年輕人透過社會規範來自律的能力失去信心了嗎？你們不再相信自己有忽略或拒絕麻煩事的能力了嗎？……這項萬聖節裝扮的爭議，顯示我們如何看待年輕人的優勢和判斷呢？」

為此，一群學生發表公開信函，並展開連署，要求尼古拉斯和艾瑞卡辭去宿舍主任一職。幾天後，爭議更加白熱化。尼古拉斯走在西利曼學院庭院裡，一群學生氣呼呼地走到他面前，抗議他支持艾瑞卡的信件內容，並要他道歉。[3]

尼古拉斯告訴他們，他的職責是聆聽學生，而非道歉。他說明自己的立場：

> 我已經說過，我很抱歉讓你們不舒服……這並不等於我為我說過的話道歉。我支持言論自由……即使是冒犯性言論，而且尤其是冒犯性言論……我認同你們的說法。我和你們一樣反對種族主義。我也像你們一樣反對社會不平等。我花了一輩子的時間在處理這些問題……可是，這不同於言論自由，人人都有權利捍衛自己想要說的話，你們也是。

可是群眾愈來愈憤怒，有人喊道：「不用浪費時間聽他說話！」

另一名學生開始說話，尼古拉斯企圖插話，她大聲喝斥：「閉嘴！」

她說，宿舍主任的主要職責是為學生在學院裡創造一個安全的空間，而非營造討論的氣氛。尼古拉斯表示不認同，她便勃然大怒。「你他媽的為什麼要做這個工作？是誰他媽的雇用你的？」她大叫。「你晚上不得安眠！你令人作嘔！」

*　　*　　*

令人意外的並非討論的內容，而是它成為全國焦點的速度。一名激進份子錄下衝突現場，並上傳到網路。這種事情在過去一直都是單純的校園事件，如今卻在社交媒體上引起軒然大波。

而社交媒體又影響現實世界。最後，艾瑞卡和尼古拉斯辭去主任職位，[4]這段在網路上爆紅的影片也讓那位暴怒的女學生備受困擾。她被冠上「尖叫姊」，並被肉搜出來，其放肆態度被網友嚴厲抨擊；還有網站揭露她家住在康乃狄克州某個富有城市價值70萬美元的豪宅。[5]當然，網路上也充斥種族主義言論和威脅語言的唇槍舌劍。這件事迅速延燒至國際媒體，從香港到匈牙利無人不知。這並非耶魯大學想要的成名方式。

　　齊克‧佩羅於1984年發表其關於系統故障的論文時，加速爭議白熱化的網路科技尚不存在。如今，智慧型手機錄影增加複雜性，因為它們把以往不相干的事情全都連結起來，就像上例的大學宿舍和國際焦點，原本是八竿子打不著的事情，由於社交媒體的強化力量，這類影片遂成為緊耦合系統的一部分：以光速向外分享，完全無法遏止。

　　在1984年，大學明顯還是耦合鬆散的系統，如今，則不那麼確定了。而且不光是大學。自從佩羅最早提出分析後，許多原本被歸為線型或耦合鬆散的系統都變得複雜且耦合緊密。各種系統都紛紛往危險地帶移動。

　　以佩羅歸為緊耦合但複雜性低的水壩為例，若出現故障，水壩可能會潰堤、淹沒下游地區。不過，佩羅認為水壩是簡單的線性系統，沒有什麼意料之外的交互作用，因此並不處於危險地帶。如今則不可同日而語。

　　如果你在一九八〇年代造訪水壩，可能會由水壩管理員帶你四處參觀。管理員就住在附近，負責看管水壩安全。如今你去參觀水壩時可能連個人影都沒有。操作人員待在遙遠的控制室裡——看起來很像核能發電廠的控制室——不用直接看到水壩就可以做決策。

　　聯邦水壩調查員派翠克‧雷根（Patrick Regan）最近重新研究佩羅的分析，並發現自一九九〇年代以來，新科技和新規範已經完全改變水壩的操作方式。[6]以往有水壩管理員，事情很簡單。如果水量過高需要洩洪，管理員就會走到壩頂，按下打開閘門的開關。管理員可以親眼看到他要開的閘門有沒有移動。

但如今卻是由操作員遙控，在電腦螢幕上按下虛擬按鈕，然後「確認閘門移動時觸發的感應器指示燈亮起」，雷根寫道。「如果感應器給的是錯誤的資訊，操作員也不會知道閘門到底有沒有開，以及開了多少。」[7]

你應該猜得到後果。例如，加州有個水壩的閘門開關故障，遙控人員搞不清楚閘門的位置，不知道已經釋放了多少水量。[8]下游民眾因而受洪水所困，雖然最後悲劇得以倖免，但這正是典型系統事故的開端，只要發生小小的機械故障和誤導人的指示值，整個系統很快就會失去控制、一發不可收拾。

雷根認為，如今的水壩和核能廠一樣，處於高複雜性的緊耦合危險地帶。水壩人員操作繁瑣的系統，而且完全倚重間接指標。雷根寫道，其潛在後果令人擔憂：「隨著控制水壩的系統愈變愈複雜，故障的可能性也大增。」

華爾街風暴

佩羅在其1984年的著作當中對於金融界少有著墨，金融系統並未列入他的複雜性與耦合矩陣。然而，之後的三十多年，金融卻成為複雜與緊耦合系統的完美例子。[9]以1987年的股災為例，股票市值一天內就跌宕百分之二十。之後，許多投資大戶開始利用投資組合保險，這種交易策略會讓股市更複雜，因為它在投資人之間創造出無法預期的關係，還加劇了耦合的狀況，因為價格一旦下跌，投資組合保險計畫就會自動拋售股票，更加拉低股價。

十年後，類似的價格螺旋也影響了避險基金長期資本管理公司（LTCM）。[10]該基金從華爾街募得一千億美元的巨資，投資在LTCM公司的電腦模型算出的便宜標的上——像是高收益俄羅斯債券等。因此，LTCM處於一個複雜金融網的中心。1998年秋天，俄羅斯公債違約，這個金融網開始瓦解。到最後，聯邦準備理事會得撥出30億美元的紓困資金來拯救危機。

又過了十年，房貸衍生性商品和信用違約交換創造出複雜性和緊耦合，造成雷曼兄弟（Lehman Brothers）破產，還引發全球金融危機。情況有可能更糟糕，安德魯‧羅斯‧索爾金（Andrew Ross Sorkin）在《大到不能倒》（*Too Big to Fail*）書中便詳述整個系統已幾近崩解，因為銀行之間的關聯既深遠又不透明。[11]

佩羅在2010年某次訪問中提到，「金融系統的複雜性已超越我所研究的任何核能廠」。[12]到了2012年夏天，複雜性和緊耦合導致某華爾街重量級證券公司系統崩潰。

*   *   *

　　2012年8月1日，原本應該是華爾街交易冷清的夏日，歐債危機沒有新發展，也沒有任何重要經濟指標出爐。[13]但當紐約交易所開市時，瑞士製藥商諾華公司（Novartis）的股價卻出現發狂走勢，一開盤就暴跌，才不過十分鐘的時間，就已爆出幾乎一日的交易量，而且賣單持續湧入市場。

　　華爾街旁一棟新古典摩天大樓裡的小辦公室裡，有一套自動化的交易系統買進數千股諾華股票，直到達到內建的風險限制才停止買進。該系統警鈴大作，引起約翰・穆勒（John Mueller）的注意。穆勒是麻省理工學院畢業的電腦科學家，一手設計出他公司裡多數的交易平台，讓他能夠從快速交易中獲利。

　　到底是怎麼了？穆勒在他的彭博終端機上叫出諾華的資訊，儘管該股跌勢不止，但公司並未宣布任何消息，實在看不出下跌原因。對此感到困惑的人不只穆勒一人：這個怪異現象令全華爾街的交易員摸不著頭緒。

　　穆勒螢幕上的報表顯示全球兩種相對觀點。紅色顯示之前買進的虧損，因為諾華股價持續下跌。另一欄是綠色，顯示他設計的模型的預測：價格已經**太低**，穆勒應該盡可能多買進一點。他盯著紅綠兩欄，並發現其他交易員也開始注意到事有蹊蹺：同樣莫名其妙的情況還發生在其他個股：從通用汽車到百事可樂，各個產業無一倖免。這表示問題可能並不出在個別公司本身。很快的，華爾街交易大廳耳語不斷；其中一個說法是，知名券商騎士資本公司（Knight Capital）出問題了。

　　騎士公司執行長湯姆·喬伊斯（Tom Joyce）正斜躺在沙發上看《體育中心》（*SportsCenter*）。TJ，大家都這麼叫他，通常現在已經來到澤西市的騎士公司辦公室裡，可是，那一天他待在位於康州的家裡，為他剛動過手術的膝蓋冰敷。

　　十點左右，他接到交易主任的來電。「你有沒有看財經新聞？我們交易出錯了，是重大錯誤。」某個電腦小故障──細節還不確定──致使騎士公司在開盤後的半小時內累積了65億美元多餘的部位。TJ大感震驚：這樣龐大的部位將是監管惡夢，而且可能威脅到公司的存亡。

　　近三十分鐘的時間，騎士公司的交易系統完全亂了套，每秒送出上百張錯誤訂單，買進一百四十家股票。就是這些買單造成約翰·穆勒和華爾街所有交易員在螢幕上所看到的異常情況。由於騎士公司錯誤擾亂市場的方式非常明顯，交易員可以反向操作它持有的部位。騎士手上有哪些牌全都被對手看光，並將籌碼全下。有長達三十分鐘的時間，該公司**每分鐘**損失一千五百多萬美元。[14]

　　在前往辦公室的車上，TJ打了他職涯中最重要的一通電話。他企圖說服證券交易委員會主席瑪麗·沙皮諾（Mary Schapiro），騎士的交易應該還原，因為這明顯是個錯誤。公司裡某位資訊科技人員沒有將該公司的新版交易軟體正確地複製到所有伺服器上。「這絕對符合錯誤的定義，」TJ堅稱。沙皮諾需要和同事討論。一小時後她回電表示：交易全都算數。

　　TJ忍著膝蓋的痛楚爬出車子、抓緊拐杖。電梯帶他到他辦公室的樓層，他還在納悶這種小錯誤怎麼會拖垮整個騎士公司。區區一名員工的疏失怎麼會賠上5億美元呢？

　　雖然讓騎士出現重大失誤的是一個小小的軟體差錯，但其實問題早就根深柢固。華爾街在上個世代經歷的科技創新為系統崩潰創造出完美的條件。股票交易原本是零碎、沒效率、靠關係的活動，法規和科技將之改造成由電腦和演算法主導且緊密連結的精算結果。像騎士資本這樣、以往雇用場內交易員和電話來進行交易的公司必須適應新世界。

　　西元2006年，美國推出「全國市場系統管理規則」（Regulation National Market System, Reg NMS）。雖然權威人士統稱為「股市」，其實美國股市是由十幾個交易所組成，每一個交易所的規則都不同，但都可以交易任何美國股票。

　　Reg NMS帶來兩大改變。首先，它規定各交易所迅速且自動化處理訂單，不再採人工化。在以前，投資人下單後必須等上幾分鐘，等待交易員尋找另一投資人搓合，以完成人工交易。其次，Reg NMS要求各交易所連結並接受彼此的市場。假設某投資人在紐約證交所（NYSE）下單，要買一百股IBM股票，若在以往，即使其他的交易所有更低的價錢，這張買單還是只能在紐約證交所搓合。但Reg NMS要求各交易所將他們的訂單轉往提供最優價格的交易所，因而創造出真正全國性的市場。

　　非華爾街人士可能很少聽過騎士資金這家公司，該公司透過E-Trade、富達（Fidelity）和德美利（TD Ameritrade）等券商來處理小型投資人的訂單，也服務像是退休基金這樣的大型投資人。這些訂單來到騎士公司伺服器，由一個叫做「智能下單系統」的電腦程式來決定處理方式：是由公司直接送至某交易所、在內部交易系統搓合訂單，還是以其他方式處理。

　　騎士持續更新科技以跟上市場的變化。Reg NMS頒訂後，股票交易所家數大增，包括納斯達克（Nasdaq）和紐約證交所等原來的交易所一直都在修改規則以吸引更廣泛的客戶層：從法人、大型退休基金到散戶都是他們網羅的對象。

　　市場全面電子化是一場金融革命。電腦拉低了成本、提高交易速度，也讓交易員更能靈活控制手上的訂單。[15]可是，Reg NMS同時也創造出一個更複雜、耦合更緊密的市場，導致幾次意外事件的發生。例如，2010年5月6日，市場經歷所謂的閃崩，一個人的不法行為居然迅速擴散，讓數百家公司股票驟跌，有些個股更是跌到只剩1美分，沒多久又全部恢復正常。[16]那真是華爾街史上最詭異的一天，這當中有重要意涵。

　　然後就是騎士公司，一手造成了占據各大媒體頭條的系統崩潰。

＊　　＊　　＊

　　騎士公司的故障，原因究竟是什麼，很難精確指出，不過，我們不妨從2011年十月開始說起。當時，紐約證交所提出專為散戶設計的新交易方式：零售流動性計畫（Retail Liquidity Program, RLP）。該計畫為小額投資人創造出一種影子市場，允許他們得以低於1美分的升降單位出價，還能獲得最優價格。騎士公司也如以往修改他們的交易軟體，以便讓客戶能開始利用新計畫。

　　客戶要能註明他們希望加入RLP來下單，因此，騎士公司的程式人員在系統中增加了一個「標記」。不同的標記顯示訂單不同的處理方式，而這新增的標記則讓騎士的系統知道將訂單導向RLP。標記就像我們貼在包裹上的「易碎品」貼紙：它不影響包裹內容，但卻顯示它需要特殊處理。當富達這類券商將RLP訂單傳送給騎士，就會附上標記，也許還會在訂單的特定位置加註大寫的P（代表RLP裡面的「P」）：

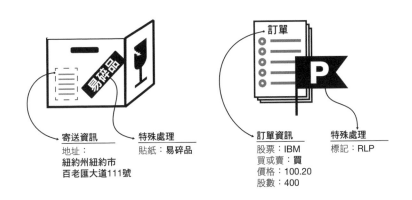

當騎士公司的「智能下單系統」處理加註這種標記的訂單時，系統就會將之導向系統中負責處理RLP訂單的部分：

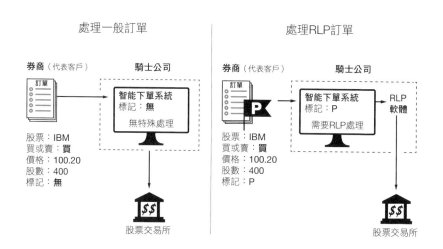

多年來，騎士公司使用相同的標記（P）來標示另一種訂單：所謂的「強力盯住」（Power Peg）訂單。當交易員送來Power Peg訂單，騎士的系統就會將之分解成許多小部分、並以連續訂單送出；其目的是降低大訂單造成的價格波動。Power Peg是舊技術，騎士已經在2003年停止支援。但程式工程師並未將該代碼從交易系統中移除；只是把它調成無法使用。幾年後，又出現另一項改變，讓「智能下單系統」不再能追蹤到Power Peg下單的交易。這原本無傷大雅——畢竟，Power Peg已經被停用——也沒人注意到這個錯誤。

這些表面上無關痛癢的步驟——推出RLP、讓Power Peg

功能繼續存在、無法再追蹤 Power Peg 交易，以及重新使用 P 標記——共同創造出金融崩解的條件。RLP 計畫正式展開的幾天前，騎士公司一名資訊科技員工開發出新版本的交易軟體。為確保沒有問題，他先在騎士的幾個伺服器上裝設新軟體，一切順利，於是他便在八台伺服器上更新 RLP 代碼，也許他原本要更新八台伺服器，但不知怎麼的，最後卻漏了一台。七台電腦執行更新的軟體，但第八台執行的還是舊版本——有 Power Peg 代碼的版本。

八月一號早上，數百張 RLP 訂單進入騎士的交易系統，前七台伺服器正確處理訂單後、以 RLP 單送到紐約證交所。然而，在第八台伺服器上卻風雲變色。

九點半股市開盤，該伺服器開始處理客戶送來的 RLP 訂單，但它沒有 RLP 代碼，因此沒有將訂單以固定價格送達證交所，不斷產生並執行子訂單，每秒鐘送出的訂單高達數百張之多，還觸發了停用的 Power Peg 來定價。該伺服器發至紐約證交所的訂單涵蓋一百多家公司，包括福特、奇異、百事可樂，以及約翰·穆勒看到的諾華等等。

儘管爆多的訂單沒有顯示在騎士公司正常系統上，追蹤異常交易的監控程式提醒他們發生錯誤，但該程式卻未詳細交代這些部位從何而來，所以主管並不了解錯誤的嚴重性。而且，就像三哩島核電廠那台只印出一堆問號的電腦一樣，騎士公司的監控程式很快就跟不上實際狀況。

等到騎士修正問題，它已經處於破產邊緣了。

$$*\quad *\quad *$$

騎士公司的系統崩潰在三十年前絕不可能發生。在電腦主導交易之前，股票買賣主要是在證交所場內面對面進行，這讓交易過程溝通清楚，也降低意外的複雜作用發生的可能性。有異狀發生時，交易員可以在執行前再度確認一遍，因此整個市場的耦合很鬆散。如果有誤會發生，交易員經過討論後，只要取消錯誤交易即可。然而，電腦交易日益增加，讓現代金融更複雜、更不透明、錯誤也更難挽回。

TJ走進辦公室，和主管團隊一起努力湊出緊急資金給他們的交易夥伴，而騎士本身股價重挫。事發隔天，TJ強忍膝蓋疼痛，親上彭博電視台對投資人信心喊話。「科技故障，很糟糕，我們也不希望如此。但科技故障。」

TJ拚了命的拯救公司，當周周末，他獲得一筆巨額現金挹注。幾個月後，騎士公司宣布與前競爭對手全球電子交易公司（Getco）合併。沒多久，TJ就離開了合併後的公司了。

「我不認為有人完全不會遇到問題，」TJ告訴我們。「事後看來，大家都更聰明、速度更快、跳得更高。我們遭遇差錯，也採取了合理的手段。」可是，那些手段並不夠。像騎士這樣的公司在無人發現的情況下，已經更快速地走向危險地帶。

漏油事件

2010年4月20日，卡雷波・霍洛威（Caleb Holloway）展開美好的一天。二十八歲、身材瘦長的霍洛威在全世界最複雜的鑽油平台工作，他和同事們就快要完成英國石油公司（BP）在馬康多石油前景（Macondo Prospect）極具挑戰的探勘鑽井工程，大家都很期待這項任務的完成。那天早上，鑽油台負責人吉米・哈瑞爾（Jimmy Harrell）把霍洛威叫進辦公室，在多位主管面前舉行了一場小型的表揚會，他將一只銀表送給這位年輕的內場人員，以獎勵霍洛威最近檢查時發現了一個損壞的螺絲釘。

才過了不到十二個小時，霍洛威卻驚險地死裡逃生。[17]這座油井名為深水地平線，井裡巨大的壓力讓海底的泥漿和原油衝入高空。救生艇只坐了半滿就急忙駛離，也有人從6呎高的平台、跳入墨西哥灣的黑水裡。還有人根本來不及爬上平台；十一人喪生。深水地平線燃燒了整整兩天，噴發的火焰、連30英里外都能看得到，最後終於沉入海裡。[18]

接下來的三個月，原油日夜不停地從1英里深的井口外洩。最後，BP公司終於在爆炸後的第八十七天封住油井，但是已經有近五百萬桶的原油漏入了墨西哥灣，形成了一大片移動的浮油。

*　　*　　*

深水地平線不光是個酷炫的名字而已，爆炸發生的一年前，該鑽油平台鑽出了當時最深的油井，越過海底1英里後，又深入地底5英里。像BP這樣花錢租用鑽油平台的公司，需要盡量深鑿，以確保能找到新的原油蘊藏處，可是，挖得太深則挑戰複雜性和緊耦合的極限。BP愈來愈深入危險地帶，而深水地平線的租賃費用並不便宜，一天就要100萬美元，所以，BP的工程師想盡快完成馬康多的鑽油工程，往下一個計畫地點移動。

油井爆炸的原因並非損壞的螺絲釘或平台工作人員在安全檢查時會發現的問題，而是因為BP未能妥善管理油井的複雜性。

因為輻射的關係，人們無法直接觀察核子反應爐爐心；同樣的，深水底下的高壓環境也讓油井內部狀況晦暗不明。鑽探工不能「派人下去」看看地底幾英里處發生了什麼事，必須靠電腦模擬，以及井內壓力和油泵流量等間接測量的方式處理。

因此，當BP做出一連串危險的決定——像是忽略值得擔心的壓力讀數和水泥完整性測驗等[19]——複雜性隱藏了箇中衍生出的問題。該平台工作人員每天面臨倒懸之危，但他們毫無所悉。

工作人員與爆炸搏鬥時，複雜性再度從中作梗。該鑽油平台精密的應急系統複雜難用，有三十幾個按鈕控制一個安全系統，鉅細靡遺的緊急手冊描述太多種意外可能性，難以了解到底該遵循哪一種做法。意外一發生，組員全都嚇壞了，深水地平線的安全系統讓他們動彈不得。

這座鑽油平台鑽過幾次墨西哥灣不穩定的地質構造，耦合已經非常緊密。災難發生時，系統就是無法關閉、修復並重新啟動。油氣無處釋放，只得向上噴發。

深水地平線是鑽油界的工程奇蹟與先驅。儘管該系統已經深陷危險地帶，但其賴以運作的安全做法還是比較適合較簡單、較有犯錯空間的環境。

該平台業主越洋公司（Transocean）的確側重幾個安全層面。「安全會議一場接著一場的開，」[20]霍洛威回憶道。「我們有每周安全會議，還有每日安全會議。」

組員們甚至合作創作了關於平台安全的饒舌歌錄影帶。[21]歌詞如下：

> 創造無意外的工作環境
> 時時刻刻、每個角落
> 從計畫開始
> 保持雙手清潔
> 駕駛摸過引擎
> 把它們清乾淨！

> 挑夫坐過電梯
>
> 把它們清乾淨！
>
> 工人踏過管線
>
> 把它們清乾淨！

　　BP公司也是一樣，非常小心預防員工滑倒、跌落或受到其他傷害。有位前工程師解釋道：「BP的資深主管把重點全都放在安全中容易的部分——手扶欄杆、花時間討論倒車入庫的好處，以及咖啡不加蓋的危險——但卻沒興趣搭理困難的事項，投資並維修他們複雜的設備。」[22]

　　他們花更多時間擔心咖啡灑出來，而非原油漏出來。[23]

　　這聽起來很奇怪，但在這些公司看來卻很合理。手燒傷、滑倒、跌落和車禍等表示工時減少，還會花公司很多錢。這類傷害也很容易追蹤，要做出意外機率和安全改善方面的統計數字並非難事，也可以算出它們對於公司損益的影響。一季又一季的報告當中，傷害意外減少，就可產生顯著的結果——成本降低、獲利提高。這些結果製造出一種安全的假象。不可思議的是，深水地平線意外發生後，這個假象依舊持續。「儘管墨西哥灣的悲劇喪失了好幾條人命，但從整體可記錄事故率和潛在嚴重率來看，我們成就了安全紀錄的典範，」[24]越洋公司在安全檔案上寫道。「從這些標準來看，今年是本公司史上安全表現最優良的一年，顯示我們致力達成時時刻刻、每個角落零意外的環境。」

安全表現最優良的一年？安全紀錄的典範？這一年發生了整個產業史上最慘重的意外，但依他們的標準，卻是最安全的一年。

也許他們沒有用對標準。也許，事實上，他們的整個做法都需要改變。

＊　　　＊　　　＊

系統改變，管理的方法也要跟著改變。騎士、BP和越洋公司用的都是過時的做法。像是騎士公司，即使科技是其業務的核心，他們還是不認為自己是科技公司。舊方法在場內交易員主導金融世界的時代也許管用，但騎士公司已經不用這種方式交易了。

同樣的，BP和越洋公司的安全做法也許適用於一成不變的陸上鑽井作業這類較簡單的系統，在這種環境中，強調員工事故率和換修螺絲釘這類的維修細節也許還能矇混過關。但深海地平線是個複雜的海上鑽油平台，它直接在危險地帶作業。

佩羅於1984年出版《常態意外》（*Normal Accidents*）這本書時，他所描述的危險地帶還非常少見，只包括核能廠、化學工廠和太空任務等系統。如今，各式各樣的系統——從大學到華爾街、從水壩到鑽油平台——都變得更複雜、耦合也更緊密。

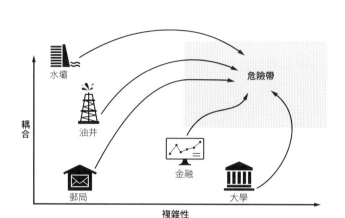

這種轉變似乎無一產業能倖免，就連那些以往是簡單與鬆散的代表性產業也一樣。想想不起眼的郵局，在1984年，佩羅還將之放在矩陣中最安全的角落，離安全帶遠遠的。它是最不可能失控的系統之一。現在就連這一點也改變了。

郵局加盟店作帳風波

二〇〇〇年代初期，英國郵局推出一種名為地平線的酷炫資訊科技系統，[25]價值10億英鎊，而且驕傲號稱為「全歐洲最大的資訊科技計畫」。[26]幾年後該計畫卻成為英國國會廣泛討論的對象，報紙也出現如下標題：

郵局殺害人命[27]
郵局IT系統飽受批評[28]

郵局加盟櫃檯矢志洗刷偷竊與作假帳的惡名[29]

在英國，郵局是半民營事業，人們不僅能來寄信，還可以管理銀行帳戶和退休金、為電話預付卡加值，以及付帳單。在大城市以外的地方，郵局會授權加盟，稱為郵局加盟店，這些加盟店多半都是小型企業，直接在他們自己的商店提供郵政服務。

郵局設計出地平線系統來管理數百項產品、減輕郵局加盟店作帳的負擔。從許多衡量標準來看，這套系統都相當成功。可是，系統啟用後不久，就傳出加盟店抱怨地平線作帳出問題，誤報現金與郵票虧空，[30]並讓提款機出現異常。[31]水平線系統的功能廣度是原因之一：《金融時報》（*Financial Times*）指出，一項獨立鑑識審查發現它是「難以和其他系統相連的極端複雜系統；缺乏適當訓練；而且有問題都得由加盟郵局自行處理。」[32]結果發現，地平線既複雜、耦合又非常緊密。

加盟業者湯姆·布朗（Tom Brown）見多識廣；[33]他做這一行已經三十年，曾五度被人用槍指著，都安然度過，可是，地平線卻讓他傷透腦筋。他聯絡郵政總局，對方告訴他：「沒問題，我們會解決。」

可是，下一次查帳的時候，他卻被控虧空八萬五千英鎊。警察將他逮捕、並扣押他的房子和汽車。雖然這件案子在五年後被撤銷，布朗卻已經名譽掃地。他失去了他的事業、他的房子，還有超過25萬英鎊的存款。

　　儘管不時有加盟郵局指稱異常，郵局卻持續回覆「完全相信各分行的地平線電腦系統及其所有會計流程從頭到尾絕對正確、可靠。」[34]郵局面對各界要求事實查證，也表達關切，要求列入系統失敗手冊當中，並重申地平線系統用於「一萬一千六百家分局，使用者包括加盟店、代理櫃檯，以及數千名員工，每天成功處理六百萬筆交易，其中還涵蓋代理英國各大商業銀行的業務。」[35]

　　郵局堅信系統準確無誤，因而控告某些加盟店虧空、詐欺、作假帳，並要求他們償還遭控的短缺部分。[36]有些案例還提出刑事訴訟。[37]以下是喬·漢米爾頓（Jo Hamilton）的遭遇，他以前在雜貨店裡代理郵局事務，被控虧空兩千英鎊。

　　　　我得把房子拿去二胎貸款來還錢。[38]一開始我被控偷竊，他們說，如果我還錢，並承認我做了十四筆假帳，他們就會撤回偷竊告訴，作假帳入獄的可能性比偷竊小，所以我就聽他們的。如果我不認罪，他們就會告我偷竊。我無法證明我沒有偷錢，他們則無法證明我有偷，而且他們告訴我，我是唯一用地平線出問題的人。

　　幾位國會議員對這件事感到關切，[39]郵局因此找來外面的法務會計公司，二視會計公司（Second Sight），來進行調查。

二視公司發現問題可能出在系統內部意想不到的交互作用：「各種情況不尋常的結合，像是電力和溝通失靈，或是櫃檯的錯誤。」[40]

　　該公司也發現，帳目虧空還可能是因為提款機遭到複雜的攻擊，[41]被網路罪犯植入惡意程式、破壞內建軟體的控制。事實上，加盟店舉發的提款機現金短少案例，都發生在愛爾蘭銀行（Bank of Ireland）的提款機，這顯示該銀行的機器很可能有漏洞。[42]然而，地平線系統的複雜性掩蓋住這些潛在問題長達多年，[43]在那段期間，有一位加盟業者不幸破產、入獄。[44]

　　儘管地平線誇張的複雜性[45]，以及愈來愈多來自加盟店的抱怨，郵局主管還是對這套系統深信不已，甚至駁斥二視公司的報告結論。[46]「經過兩年的調查，還是毫無證據顯示這套電腦系統有任何系統性問題，」[47]他們堅稱。可是，問題遲遲未能解決：郵局面臨五百多位加盟業者提出的集體訴訟，[48]「刑案審查委員會」（Criminal Cases Review Commission）目前也正在調查多起可能和地平線系統有關的案件。[49]

　　誠如某位英國議員所說，「郵局加盟業者在地方努力不懈地耕耘，有些人甚至長達好幾十年，突然間同時發現他們可以欺騙系統，這完全沒有道理。」[50]或者，如某位前加盟業者評論：「明明就是複雜電腦系統的錯，卻有人鋃鐺入獄。」[51]

第 ❸ 章

駭客入侵、詐騙，
以及所有不宜刊登的新聞

> 「他們不需要說謊，光用複雜性就足以混淆視聽。」

金融安全漏洞

西元2010年，一位名叫巴納比・傑克（Barnaby Jack）的紐西蘭帥哥走上舞台，[1]這裡是拉斯維加斯的黑帽（Black Hat）駭客年會現場，他右邊有兩台提款機，看起來和各地酒吧或超市裡的提款機沒什麼不同。擔任安全研究員的傑克多年來致力研究提款機裡的小型電腦。製造商一直想要以保護人類的規格來設計提款機的保全機制，做法包括將現金儲存於保險箱，以及以螺栓固定機器等等。可是，傑克按了幾下滑鼠，讓全場看到提款機保全有多麼脆弱，也讓現場所有駭客學會如何迅速致富。

觀眾聚精會神地聆聽傑克用PowerPoint介紹技術細節。接著，好玩的事開始了，傑克要駭進第一台提款機，他從遠端寫了一個程式入侵機器，此時，雖然提款機還是正常運作、讓人們提款，但它同時也記下他們的卡號、供傑克下載。

他還製作一個後門，一個能夠進入系統的隱藏管道。他走到機器前，插入提款卡並按個按鈕，機器便不分青紅皂白地開始吐鈔——而且與任何銀行帳戶提款都沒有關聯。

接著，他走到第二台提款機，在機器內部的電腦插入一個USB隨身碟。電腦載入他的程式後，螢幕上閃著「中獎！！」的字眼，一面傳出吃角子老虎的音樂、一面瘋狂吐鈔。全場歡聲雷動。

然而，儘管傑克被譽為奇才，他未曾真正駭進提款機偷錢。他是個「白帽」駭客——駭入系統以協助它們更加安全。在公開示範之前，他會先將研究結果交給廠商，讓他們修復他發現的問題。

不過，並非所有駭客都如此良善。西元2013年聖誕節的幾個禮拜之前，駭客竊走了全球最大的零售商之一，塔吉特百貨的四千萬張信用卡號碼。[2]他們從暖氣工人身上偷走門禁卡，進入塔吉特百貨的電腦系統，駭入近一千八百多家分店的收銀機。他們在收銀機裡加裝軟體以監視每一筆交易，然後竊取顧客的信用卡資訊。

我們一般不會把收銀機視為電腦，其實，它們基本上和提款機沒什麼兩樣。塔吉特百貨的收銀機都連上一座大型又複雜的系統，駭客一旦發現漏洞，就能夠掠奪每一家分店。塔吉特百貨宣布被駭客入侵，營業額大幅下滑，幾個月內，執行長便辭職下台。

這真是個顏面盡失的慘敗，不過，駭入收銀機並不會損及性命，但駭入汽車，則又是另一個故事了。

物聯網的隱憂

不管以下發生什麼事，別驚慌。[3]

安迪・葛林伯格（Andy Greenberg）以70英里的時速開在高速公路上，突然間，他的2014年切若基（Cherokee）吉普車油門失靈，他用力踩油門踏板，沒有任何反應。吉普車慢慢滑行到右邊車道，連結車在他旁邊呼嘯而過，他對著手機大叫：「我需要油門恢復正常，別開玩笑，這他媽的非常危險。我需要車子趕快動起來！」然而，吉普車上的嘻哈音樂聲音很大，手機另一頭的駭客聽不到他講的話。

別驚慌。

好消息是，葛林伯格待在吉普車裡寫雜誌文章，而駭客並無意傷害他。葛林伯格為《連線》雜誌（*Wired*）撰寫科技和安全方面的文章，而兩名駭客，查理・米勒（Charlie Miller）和克里斯・法拉賽克（Chris Valasek）坐在幾英里外米勒的臥室裡。葛林伯格對於故障的吉普車束手無策讓他們發噱。兩人經過幾年的研究，弄懂如何利用吉普車的網路連線來攻擊車內的電腦。從雨刷、速度表到煞車，那些電腦控制全局。葛林伯格現在成了他們的實驗對象，他們攻擊他的變速箱。

兩年前，米勒和法拉賽克兩人曾邀請葛林伯格試乘另一輛他們成功駭進的汽車，當時他們還需要用傳輸線將筆電連上車內網路。他們坐在後座，就可以任意讓車轉換成自動停車模式、讓方向盤不受控制地猛轉，並使煞車失靈。兩人於2013年的黑帽年會上公布詳細做法，汽車製造商並未重視箇中威脅。畢竟，駭客需要親自在車內用傳輸線連上汽車。

然後，米勒和法拉賽克最後終於研究出如何遠端攻擊汽車。這台兩噸吉普車標榜尖端科技娛樂系統，能控制廣播、導航和空調等所有功能。它還連上網路，能夠執行搜尋附近加油站和餐廳的應用程式。

網路連線讓米勒和法拉賽克得以坐在自家沙發上就能駭進這台吉普車。他們先設法透過行動網路進入車內娛樂系統，然後把它當作據點、進入車內其他三十幾部電腦。在高速下，他們可以讓變速箱失靈；低速時，他們可以阻斷煞車、控制方向盤。

葛林伯格在前方出口下交流道，重新發動吉普車。他以為他遇到的是這兩人之前向他展示的無傷大雅的惡作劇，然而，這一次卻不一樣。駭客並未坐在車內後座，他們並不知道關掉變速箱時，葛林伯格在高速公路上並沒有可以暫停的地方。

葛林伯格雖然驚嚇一場，但這卻是個值得報導的故事。

《連線》雜誌刊出他的文章三天後，克萊斯勒（Chrysler）承認安全瑕疵，[4]因此宣布召回一百四十萬輛吉普車，給車主每人一個USB隨身碟，讓他們可以插入儀表板、隨時更新軟體、關上後門。可是，漏洞是補也補不完的：才不過幾個月的時間，米勒和法拉賽克再度研究出如何控制方向盤、造成意外加速並鎖住煞車──全都在高速下發生。

「真正的威脅，」葛林伯格解釋道，「來自於存心不良的人將一切串連在一起。[5]他們利用錯誤連鎖遊走於系統之間，到最後達成完全以代碼執行。」換句話說，他們不當利用複雜性：透過系統內的連結，從控制廣播和GPS的軟體進入到控制汽車本身的電腦。「汽車性能愈多，」葛林伯格告訴我們，「被濫用的機會也愈多。」而且未來還會推出更多性能：在無人駕駛車裡，電腦控制一切，有些車款甚至連方向盤和油門踏板都沒有。

有漏洞的不光是汽車、提款機和收銀機。巴納比‧傑克在拉斯維加斯會場簡報結束後，又把研究焦點轉向醫療設備上。[6]他只用一台筆電和一根天線，就能從幾百英呎以外駭入胰島素幫浦。他可以控制幫浦，將裡面所有的胰島素全部注入病人體內，造成病人死亡。他甚至還能解除一般能預告注射的震動。

傑克還成功入侵植入式心律去顫器。[7]他研究出如何遠端控制這些像心律調節器一般的設備，傳送830瓦的電流到病患心臟。這種攻擊手法出現在《反恐危機》（*Homeland*）影集的劇情中，恐怖份子駭入劇中副總統的心律調節器、將他暗殺。評論家抨擊這樣的情節太誇張，但傑克反而還覺得該影集把攻擊過程演得**太困難**。[8]也有其他人認真看待這樣的威脅，早在《反恐危機》開播的幾年前，當時的副總統迪克‧錢尼（Dick Cheney）就請他的心臟科醫生關掉他心律調節器的無線功能，以躲避這類攻擊。

汽車和心律調節器從離線設備轉型為複雜、相互連結的機器，堪稱革命性變革，而且這只是冰山一角。從噴射機引擎到家用溫度調節器，如今有數十億種新設備都被歸為一個叫做物聯網的網絡中，這個超大型、超複雜的系統非常容易發生意外與受到攻擊。

例如，許多家電製造商已經推出連接網路的「智慧型」洗衣機和烘衣機，這些家電很聰明，會自動訂購洗衣精，並監控電費、只在費率低的時候啟動。目前為止都還不錯。不過，想想這當中的風險。如果智慧型烘衣機有安全瑕疵，駭客可以從遠端入侵，重設軟體讓引擎過熱，導致火災。即使一座中型的城市裡只有一千個家庭擁有有瑕疵的烘衣機，駭客也能一手造成大災難。[9]

物聯網提供我們一種魔鬼的交易，一方面它讓我們能做更多——坐無人車旅行、提高飛機引擎可靠性，以及節省家庭能源。另一方面，它又為駭客提供傷害世界的管道。

　　汽車、提款機和收銀機遭受攻擊都不是意外，但也一樣起源於危險地帶。複雜的電腦程式比較容易有安全漏洞，現代網路充斥著攻擊者可以利用的交互連結以及無法預知的互相影響。這種緊耦合情況的含義是，駭客一旦找到立足之處，事情便自然發生、復原不易。

　　事實上，無論在哪一領域，複雜性都創造犯罪的機會，而緊耦合則強化後果的嚴重性。[10]不光是駭客會利用危險地帶從事不法；全球龍頭企業領導階層也照犯不誤。

安隆傳奇

　　要怎麼樣才能做個小生意——例如馬鈴薯攤販呢？

　　讓我們從基本做起，你需要攤車，還有攤位。當然，你還需要有馬鈴薯可賣，所以你需要供應商，可以向他訂購馬鈴薯。你還需要準備現金找錢給顧客。於是，「塊莖的誘惑」這個專賣高品質馬鈴薯的攤子就此誕生。

　　一推出就造成轟動！你的馬鈴薯非常美味，讓人們一口接一口。食物評論家大讚：「『塊莖的誘惑』大成功！」生意好得不得了，你開了更多攤子、並請人來顧。你開始賣各種不同的馬鈴薯，還將觸角延伸到地瓜。你甚至貸款開更多攤子、快速擴張業務。人生真是美好。

　　可是，事情變得愈來愈複雜。你一開始創業時，一眼就可

以看見你生意的全部——你的收銀機和你所有的馬鈴薯。如今
要掌握每一個環節則有點困難。你必須看好收銀機裡的現金，
因為現在有其他人幫你賣馬鈴薯，你需要確定他們誠實不欺。
你還得盯好你的庫存，你不希望最暢銷的馬鈴薯品種斷貨，但
又不想要囤積太多以免不新鮮。而且，不管生意是好是壞，每
個月都要還銀行貸款。

　　無論是你的馬鈴薯攤還是大型銀行，所有生意都得隨時追
蹤這些細節，但當公司業務變得愈來愈複雜，它計算收入、支
出、資本與債務的方式也跟著複雜化。計算收銀機有多少現金
或攤上有多少馬鈴薯時，多少就是多少，答案很明確。但當大
企業從未來交易估算收入、或企圖算出一個複雜金融產品的價
值時，模糊的空間就增大太多了。

　　我們在新聞聽到的多數企業，那些股票上市公司，都得揭
露他們業務的一切資訊。外部會計團隊檢查那些報告，以確保
一切符合會計準則。可是，即便有查帳和公開揭露，大公司的
業務還是要比你的馬鈴薯攤子難懂許多。在佩羅的架構裡，大
公司比較像是核電廠、而非組裝線。內部的情況無法直接觀察
清楚。

＊　　＊　　＊

　　請看看以下獎項，得主全是同一家公司。

第一年：全美最創新企業（《財星》雜誌）

第二年：全美最創新企業（《財星》雜誌）

第三年：全美最創新企業（《財星》雜誌）

第四年：全美最創新企業（《財星》雜誌）

第五年：全美最創新企業（《財星》雜誌）

第六年：全美最創新企業（《財星》雜誌）

第七年：年度電子商務獎（麻省理工史隆管理學院）

你覺得這是哪一家公司呢？亞馬遜？Google？蘋果？還是奇異電氣？

要是你知道這家公司的財務長也連續獲選為創新者，這樣會不會猜得到？

第五年：優秀資本結構管理財務長獎

第六年：年度財務長

也許是金融業，像高盛（Goldman Sachs）或花旗銀行（Citibank）？要是我再告訴你，幾年後，這名財務長承認犯下聯邦刑案。

他的名字是安德魯・法斯陶（Andrew Fastow），這家公司是安隆公司（Enron）。[11]

也許沒有任何集團利用複雜性獲利的程度、比得上法斯陶

及其同事在安隆公司的所作所為。他們使用的會計花招之多，
讓整家公司在事情曝光後迅速倒閉。投資人損失數十億，許多
員工的退休帳戶完全歸零。

　　法斯陶顯然一直利用複雜的金融結構來隱藏安隆公司債
務、膨脹利潤，並暗自中飽私囊達數千萬美元。最後，法斯
陶、兩位安隆執行長肯・萊（Ken Lay）和傑夫・史基林（Jeff
Skilling），以及多位高層主管都被判有罪。

　　「藏木於林真是高招，」[12]密西根州眾議員約翰・丁格爾
（John Dingell）說。「這是一份極端複雜的財報範例，他們不
需要說謊，光用複雜性就足以混淆視聽。」

　　安隆傳奇的中心人物利用複雜性的方式有兩種。第一，他
們利用複雜性賺錢。

　　錯綜複雜的規則主導安隆的市場，該公司交易員知道如何
玩弄這些規則、從中獲利。例如，加州讓原本規範嚴謹的電業
私營化，替換成由無比複雜的規則所主導的市場。安隆的交易
員認為有機可乘，設計出許多交易策略，並將之命名為「肥
仔」或「死亡星」等，來玩弄市場。

　　其中一個策略利用加州的價格上限規定。[13]為了讓使用者
付得起電價，加州的電力調節器會控制價格上限，因此安隆
交易員先觀察全區的電價，也許在加州以250美元的單位價買
電，然後賣到外州，最高可賣到每單位1200美元。他們還對
電力需求預測打賭，並用造假的電力輸送獲得付款，但沒有真

的將電輸送給對方。他們只在紙上做出一連串相互抵消的承諾，不供電就能賺錢。更糟糕的是，交易員打電話給安隆的電廠，要他們讓發電廠暫停運作，好讓電價大漲。「我們發揮創意，找個理由讓電廠停擺。」[14] 有個交易員打電話給電廠人員。

「像是強迫停機之類的嗎？」電廠人員問道。

「沒錯。」

這些策略造成加州各區輪流停電與電力吃緊，讓州政府賠上400億美元的能源成本。[15]

安隆主管利用複雜性的第二種方式是隱藏公司營運真相。雖然他們在加州賺大錢，公司還是嚴重虧損。他們死挨活撐提出一連串野心勃勃又花錢的計畫，許多是為了開發市場，但都未竟全功，例如，在印度達博爾（Dabhol）興建電廠計畫失敗，浪費了10億美元。

在多數企業中，這類失敗的計畫應該被視為危險信號，但安隆卻認為印度這項全球最巨額投資計畫是偉大創舉。安隆主管蕾貝佳‧馬克（Rebecca Mark）如此形容：「我們做的是交易事業，[16] 而這種交易心態就是我們奉為圭臬的做法。找生意來做從來就不是問題，重點在於找到我們想要做的生意類型。我們喜歡當先鋒。」

對於馬克這樣的主管來說，公司生意賺不賺錢並不重要。只要提出的計畫預估**將會**有潛力，不用實際賺進現金，他們就可以獲得紅利獎金。

　　安隆使用一種名為按市值計價（mark-to-market）的特別會計方式來作帳。按市值計價會計準則使得安隆主管得以用最佳化的財務模式算出漂亮的預估數字，來掩飾爛到不行的現實狀況（像是10億美元的支出，進帳卻是零）。當他們在印度簽下二十年的售電合約時，便把所有預估獲利全都算為當年進帳。

　　為了解他們如何濫用按市值計價法，讓我們暫時回到我們的馬鈴薯生意上。

　　我們的馬鈴薯攤是以有多少現金來計算賺了多少錢。當顧客買了一顆一塊錢的馬鈴薯，我們就把這筆錢加入銀行存款，然後在庫存中減掉一顆馬鈴薯，直接了當。

　　現在，假設全球馬鈴薯價格上漲，以前一顆一塊錢，現在漲到一顆兩塊錢。我們的生意用的是傳統的會計方法，要等到馬鈴薯賣出，才會賺到漲價後的利潤——現在每位顧客付給我們的不是一塊錢，而是一顆馬鈴薯兩塊錢。

　　可是，如果我們用的是按市值計價會計法，則馬鈴薯一漲價，就立刻反映在我們的帳上：如果每顆漲一塊錢的時候我們庫存有一百顆馬鈴薯，按市值計價會計法就會讓它看起來像是我們賺了一百塊錢，**事實上並沒有任何新進帳**。我們根據庫存的馬鈴薯值多少錢來記帳，而不是根據我們真正賺進了多少錢。

　　按市值計價會計法用於銀行這樣的產業尚有道理，因為銀行擁有股票、債券和各種衍生性產品，估價和交易都相對容易。理論上來說，按市值計價法增加透明度，如果銀行擁有的資產價跌，像是股票等，就會立即反映在帳冊上。話說回來，我們的馬鈴薯攤也許不該用這種方式來記帳，安隆這種以天然氣管線公司起家的事業用這種會計法也很奇怪。

　　可是，來自顧問業龍頭集團麥肯錫公司（McKinsey）的傑夫・史基林（Jeff Skilling）空降過來後，就致力用他的大數據來改造安隆公司：公司業務不再鎖定管理管線，而改為操縱天然氣的虛擬市場。安隆成為買賣合約的中間人——承諾事後傳送天然氣。

　　史基林表示，轉型後的新安隆公司是一家交易公司，應該可以使用按市值計價會計法來處理其能源交易事業。西元1992年，主管機關同意了，從此安隆拋棄過往、只展望未來，那一年它便成為北美最大的天然氣買賣公司。接下來的幾年，該公司所有業務都採行按市值計價會計法。

　　安隆公司對商品使用按市值計價法其實還說得通，因為像天然氣這樣的產品有實際的市場存在。可是，即使沒有市場的業務，安隆也設計模式來估算資產的「公平價格」。當公司進行大專案時，就會特別為其建立模式展現**將會**賺進多少錢。該模式考量計畫成本，但同時也算入安隆未來幾年、甚至幾十年預計從中獲得的利潤。他們應用許多簡單的公式，將交易移到某間特定的安隆旗下公司，之後，按市值計價法便能讓安隆高層將整個計畫視為盈利事業。安隆還是立刻將這筆「利潤」記在帳上，但實際上並沒有接獲任何付款。這種做法推升該公司股價，並讓蕾貝佳‧馬克和傑夫‧史基林這樣的高層主管中飽私囊。按市值計價法讓安隆經營者得以自欺欺人（他們自己和公司股東），真的相信公司現在要比以前更好。

可是，按市值計價會計法不光是增加複雜性，還將安隆變成一個緊耦合的系統。在這種會計法之下，該公司從一筆生意就可以假裝預支好幾年的潛在獲利，並即時入帳，致使該生意簽約當季的盈利激增。可是，由於營收已預先入帳，所以並未對未來盈餘做出貢獻。每一季都是個新的開始，而由於投資人指望成長，於是公司必須談成更大的生意。即使短暫的生意空窗期也會讓投資人失去信心，所以計畫核一個接著一個誕生。[17]

安隆還是需要錢——支付薪水、併購公司，並建造更有野心的計畫。因此它借貸。可是，這會有風險。如果投資人知道安隆累積了多少債務，就會顯得財務基礎不穩固。所以該公司使用複雜費解的交易網路來隱藏債務。[18]例如，有一次它向花旗銀行借了將近5億美元，然後憑空創造一連串交易——全都在安隆旗下的公司互相進行——然後利用會計準則讓這筆借貸看起來實際獲利。這就像是用信用卡預借現金後，把錢存在支票帳戶，隱藏你有這張信用卡的事實，而假裝帳戶裡的這筆錢是你的薪資進帳。可是這只是假象，你還是得償還借貸。一個月後，安隆再撤銷這些交易，不但把向花旗的借款還清，還支付了可觀的手續費。一次又一次，安隆一直跟投資人玩這種騙局。

到了西元2000年，法斯陶和幾位前任財務長用這種複雜手法打造出一千三百多家專門公司。「會計準則和監管、證券法規和監管都很模糊，」[19]法斯陶之後解釋道。「它們很複雜……我在安隆所做的，以及公司的所作所為就是不把這種複雜性、模糊性……視為問題，而把它們看做是機會。」**複雜是機會**。

可是，2001年三月，這座紙牌屋開始傾倒。知名放空投資人吉姆・查諾斯（Jim Chanos）檢視安隆的財務報告，決定做空該公司。他向《財星》雜誌記者貝絲妮・麥克林（Bethany McLean）告密，麥克林深入調查後，寫出了一篇報導，標題為「安隆股價是否高估？」副標寫著：「安隆經營一大堆複雜業務，它的財報簡直無法捉摸。」

該文章企圖描述安隆公司如何賺錢。「但要介紹安隆到底在做什麼並不容易，」麥克林寫道，「因為它所做的事複雜到令人頭皮發麻。」有位逗趣的銀行家則有不同說法：「管理天然氣管線生意花不了多少時間[20]——安隆似乎讓員工把時間花在各式各樣複雜難懂的融資辦法上。」

到了該年十月，安隆非得修改財報不可了，它坦承之前忘了寫上10億美元的虧損，並塗掉近6億美元的偽造盈利。安隆公司與投資銀行家開會時，高層主管透露該公司的債務並非130億美元（如它公開發布），而是380多億美元。之前未見光的債務被聰明地隱藏在安隆旗下一千三百多家專門公司裡。不到一個月，安隆便提出破產申請。

安隆公司的垮台引發連帶損害，簽署認可安隆帳冊的安達信會計師事務所（Arthur Andersen）面臨聯邦起訴、難逃倒閉命運。主管機關很快發現，多家全球大型投資銀行也曾協助安隆不法利用複雜性、欺騙股東。花旗和摩根大通銀行（JP Morgan Chase）因為欺騙罪而各付了20多億美元給安隆破產的受害者[21]——另外再加上他們因為安隆破產而損失的資金。

至於安隆員工，下場則很慘。兩萬人丟了工作，許多人甚至連退休金都沒了。系統中沒有緩衝措施來保護他們不受公司牽連。

*　　*　　*

1927年，奇異電氣公司董事長歐文・楊（Owen Young）到哈佛大學演講[22]——幾十年後，安隆執行長傑夫・史基林也將從這所大學畢業。歐文・楊說，法律「在明顯做壞事時才會發生效用。」他表示，和做壞事相反的是做對事，「那是普遍讓眾人秉持良心之事，無論有多複雜，都不會犯下錯誤。」

　　對商業界來說，最困難的莫過於是非之間的灰色地帶。
「事業簡單、本土的時候，地方民意很容易進入這個灰色地
帶，」楊說。「當事業變得複雜廣遠，這地帶的限制全都移
除，開始衍生出胡作非為。」

　　在安隆，腦袋聰明的高層主管利用了是與非之間的模糊地
帶，誠如法斯陶所說，「你訂了一套複雜的規則，[23] 目的就是
要利用它們獲得一己之利。」他開玩笑，那些讓他榮獲年度財
務長的交易，也給了他一張監獄識別卡。

　　當然，安隆不是唯一一家利用複雜性來隱藏非法的公
司，絕對不是。類似的會計醜聞[24] 也曾撼動日本企業集團東
芝（Toshiba）和奧林巴斯（Olympus）、荷蘭連鎖超市阿霍德
（Ahold）、澳洲保險集團HIH，以及印度資訊科技巨擘薩蒂揚
（Satyam）。最近則是有福斯汽車（Volkswagen）利用複雜性在
廢氣排放測試中造假，隱瞞他們「清淨柴油」汽車危險的污染
水準。不過，你將會看到，利用複雜性來舞弊並不只發生於企
業界。

新聞詐欺

　　以下幾篇《紐約時報》報導，你注意到了什麼？（我們把
重點用黑體字標出。）

追查動機根源：槍擊案調查
阻礙認罪的美國狙擊案

2002年10月30日

　　州與聯邦調查員今日表示，約翰·穆罕默德（John Muhammad）因狙擊槍殺被逮當天與他們聊了一個多小時，**說明他的憤怒根源**，直到馬里蘭州檢察官要他們把他移送到巴爾的摩聯邦法院接受違反槍械管制罪審判，審問才被迫終止。

　　調查員指出，一名FBI幹員和一名馬里蘭警探已經和穆罕默德發展出友好關係。至於另一名嫌犯，十七歲的李·馬爾沃（Lee Malvo），則由一名蒙哥馬利郡警探審問，該名調查員說馬爾沃並未回答任何問題。

　　「這名青少年似乎不打算開口，」地方執法官員說。「**但看起來穆罕默德已準備好全盤托出，這些人會得到他的口供。**」

　　……

狼煙四起：軍人世家
失蹤士兵家屬害怕聽到更壞消息

2003年3月27日

　　格瑞戈里・林區一世（Gregory Lynch Sr.）哽咽地站在自家門前，看著眼前的煙葉田和牧草地，宣稱他依舊樂觀——即使才剛有軍官造訪要他節哀，更壞的消息可能隨時就要到了。

　　他說，很難想像還會有任何消息比他週日晚間聽到的還要更糟：他十九歲的女兒，一等兵潔西卡・林區（Jessica Lynch）隨陸軍部隊到伊拉克南部遭遇埋伏。

　　……

　　林區先生站在他位於丘頂的家門前，遠望煙葉田和牧草地，顯得心不在焉。他談著他裝的衛星電視服務有CNN和其他頻道、他軍人世家的冗長歷史，以及當地經濟的不景氣。

　　……

狼煙四起：退伍士兵
軍醫院病房裡，傷患表達疑惑和恐懼

2003年4月19日

　　海軍一等兵詹姆士・克林傑（James Klingel）這些天只要身體痛楚減緩，就會陷入沈思，浮現腦海的包括他在俄亥俄州老家女朋友的身影、爆炸火球的景象和扭曲金屬的聲響。

　　……

　　不過，擔任偵查員的克林傑說，最難熬的時刻是**他質疑自己是否有資格沈溺痛苦的情緒**，他想到隔壁床的中士艾瑞克・艾爾瓦（Eric Alva），原本是長跑運動員，卻被地雷炸斷右腿，還有住在**走廊另一端的海軍醫護兵**西曼・布萊恩・阿拉尼茲（Seaman Brian Alaniz），他急著搭救艾爾瓦時，地雷在他腳下爆炸，**炸掉他的右腿**。

　　「有那麼多人死傷，很難自怨自艾，」二十一歲的一等兵克林傑說，**並提到他該和牧師約下次會面的時間了。**

　　……

以上幾篇故事呈現現代報紙的文風。它們不光報導事實，還將我們置於情緒性情節之中。彷彿你也在審問室與調查員在一起，聽他們親口抱怨無足輕重的司法紛爭阻礙認罪；站在門廊面對那位悲傷的父親，聽他悲嘆女兒生死未卜、回顧自己的一生；親臨醫院病房看著那位受傷的海軍士兵，看他走不出伊拉克回憶的驚嚇，還要努力壓抑自己的情緒痛苦。

這些報導的時間都集中在美國時局緊張的時候，也就是網路泡沫破碎與九一一恐怖攻擊之後。2002 年十月，大華府地區出現一名隨機射殺百姓的狙擊手，2003 年三月，美國出兵伊拉克。同一時期，報紙業也遭遇瓶頸，必須因應整個產業的轉型。網路的興起和免費內容的迅速增加破壞了長久以來的媒體模式，即使《紐約時報》才剛贏得好幾項普立茲大獎，該報也無力派駐足夠的駐點記者來報導全球新聞。

不過，這些文章還另有蹊蹺，它們都出自於傑森‧布萊爾（Jayson Blair）這位野心勃勃的年輕記者之手，[25] 而且，它們全都是憑空捏造。[26]

布萊爾從實習生做起，他寫報導的速度很快，讓幾位主管印象深刻，因此很快獲得升職，最後成為全職記者。可是，他的工作表現很不穩定，編輯批評他報導草率。有位編輯說他的修改率「遠遠高於報紙的標準」。雖然他的工作時間很長，但他有酗酒和濫用藥品的問題。[27] 到了 2002 年四月，情況已變得極度糟糕，因此都會版編輯強納生‧蘭德曼（Jonathan

Landman）寫信給他兩個同事：「我們得阻止傑森再為《紐約時報》寫文章，馬上行動。」[28]

當布萊爾休假結束回到崗位，似乎已經恢復正常。一開始編輯盯他盯得很緊，只讓他寫短篇報導。可是布萊爾對諸多限制很不耐煩，到處遊說要換部門。他從都會版換到體育版，然後，在華府狙擊手攻擊案發生期間，又被調到國內新聞版。在華府，他又施展了騙術。

布萊爾報導狙擊手自白的獨家頭版掀起爭議。執法人員公開否認布萊爾的結論，資深記者也表達關切。沒多久便真相大白，事實和布萊爾的報導相反，原來調查人員在取得嫌犯自白上根本完全沒有進展——他們詢問嫌犯的是像午餐和沖澡等這些瑣事。

其他報導同樣捏造細節。布萊爾沒去過格瑞戈里‧林區家裡，而林區也不曾在丘頂視野佳的位置遠望煙葉田或牛群，那裡根本看不到任何煙葉。至於布萊爾訪問受傷的海軍士兵則是在他癒後返家的電話交談，並非如布萊爾所寫、是在軍醫院裡。而且，文章提及的海軍士兵和醫護兵根本沒有在同一時間住院，布萊爾的引述都是憑空編造。

可是，《紐約時報》一直未曾懷疑這些報導的真實性，直到有位《聖安東尼奧新聞快報》（San Antonio Express-News）的記者抱怨布萊爾抄襲她的文章，編輯聽到這項指控，於是深入調查。

　　起初，他們以為這只是簡單的抄襲案件。布萊爾宣稱他有加入自己筆記的內容，[29]但編輯很快就發現一個驚人的事實：布萊爾不僅抄襲了那篇報導，而且似乎還騙公司自己去了一趟德州。「記者通常搶著要出這樣的任務，會爭取到全國各地採訪，」[30]《紐約時報》的媒體編輯說。「而這個人卻連飛機都懶得坐？」

　　《紐約時報》資深記者團進行調查，他們發現布萊爾的報導一開始只是草率，如今卻變成全部欺騙。布萊爾寄電子郵件給他的編輯，回報他在路上做的面對面訪談最新進度——事實上，他的郵件是從紐約寄出。他謊稱與消息來源吃飯，人應該在華府，附上的收據卻是布魯克林區的餐廳。還有，他從未交出出差或住宿支出收據，這當中他從外地發出的新聞都已經見報好幾篇了。

　　我們也許可以說布萊爾只是害群之馬，這麼說是沒有錯，但曾任報社編輯的史丹佛大學新聞學教授巫威廉（William Woo）卻在這宗新聞詐欺中看到齊克・佩羅理論的影子。[31]「新聞組織，」他寫道，「具有交互作用複雜性的特質。」布萊爾的欺騙行為是該系統的失敗。巫威廉表示：他能恣意妄行那麼久的時間，都是現代新聞學的複雜性所致。

　　編輯喜歡生動的文筆，布萊爾描寫格瑞戈里・林區位於西維吉尼亞州自家門前的情緒場景非常討喜。可是，就像核電廠爐心一樣，這類文章背後的真相很難觀察。研究顯示，不可觀察性是捏造新聞時不可或缺的要素。[32]與信實報導相比，假新聞常常從偏遠地區發稿，著重的議題若推給祕密消息來源不會太牽強，像是戰爭和恐怖主義等等；而很少是棒球賽這類大型公開活動。的確，布萊爾的報導都是來自遠方，使用匿名來源和私下採訪來描寫感性的話題。編輯部每天收到非常大量的訊息，[33]編輯依賴布萊爾本人來做事實查核。

布萊爾也利用組織複雜性來掩飾他的詐欺行為。《紐約時報》編輯部分裂情況一向在業界享有惡名。不同版面的編輯之間長期不合，甚至完全不交談。布萊爾發現這個漏洞、乘隙而入。他調到全國版去報導華府狙擊手新聞時，他的新主管並不知道他以前的表現有問題。

布萊爾還用其他手法來玩弄組織複雜性。以他的出差支出申報為例，處理差旅費的行政助理不需要知道他發新聞的地點，交托採訪任務給他的編輯也不用審查他的收據，所以布萊爾差旅申請內容不符才會一直沒被發現。

這項醜聞破壞了讀者對該報的信任，也讓原本就有問題的編輯室更加混亂。複雜性再度搗亂成功。

*　　*　　*

目前為止，我們檢視了核能廠意外、推特公關災難、漏油事件、華爾街風暴等許多錯誤行為的共同DNA。複雜和耦合讓故障更易發生，而且後果更加嚴重。我們的大腦和組織並不適合處理這種系統，雖然這些系統為我們帶來極大便利，但同時也把我們推到危險地帶的更深處。

我們無法讓時間倒轉、回到以往簡單的世界，但我們還是有辦法——有的簡單、有的困難——減少系統崩潰的發生。我們可以學習如何建立更佳系統、改善決策，並讓團隊面臨複雜性時更有效率。

怎麼做呢？這正是本書第二部分要回答的問題。

第二部分

戰勝複雜

MELTDOWN

第 **四** 章

衝出危險地帶

「樂來樂愛你！」

頒獎烏龍

　　光彩、魅力、複雜、困惑。[1]

　　第八十九屆奧斯卡金像獎頒獎典禮接近尾聲，演員華倫・比提（Warren Beatty）和費・唐娜薇（Faye Dunaway）即將宣布當晚最後一個獎項的得獎者。華倫・比提打開紅色信封，拿出卡片，看了一眼。他眨了眨眼，揚起眉毛，再往信封裡搜尋，但裡面已經空了。他又看了看手上的卡片。

　　「奧斯卡金像獎……」他定睛看著攝影機三秒鐘，然後他又摸了摸信封裡面。「……最佳影片……」他看著唐娜薇，後者笑著責備他，「你真是不可救藥！」

　　她以為這是老套，他在賣關子。其實不是。他又看了一眼卡片，眨眨眼，然後拿給她看，意思是：**你看看這上面寫的。**沒想到唐娜薇看到卡片後，馬上宣布：「《樂來樂愛你》（*La La*

Land）！」全場響起如雷的掌聲。《樂來樂愛你》劇組人員魚貫走上舞台，製片喬丹・霍羅威茨（Jordan Horowitz）開口致詞：「感謝你們，感謝大家。感謝影藝學院。感謝你們……」

此時，全世界只有兩個人知道出錯了：布萊恩・高利南（Brian Cullinan）和瑪爾莎・魯伊斯（Martha Ruiz），兩人都是普華永道會計事務所（PricewaterhouseCoopers, PwC）的合夥人。在奧斯卡頒獎典禮前的那個禮拜，他們負責清點票數，並將每一獎項的得獎者卡片裝進信封。典禮一開始，高利南和魯伊斯在後台待命——兩人分別站在左右兩側。他們各提著一模一樣的手提箱，上面印著PwC的字樣和閃亮的奧斯卡標誌。每個手提箱裡都有二十四個信封，一種獎項一個。

幾個禮拜以前，高利南和魯伊斯在部落格上描述典禮的安排：[2]

如果投票出了問題，後備系統是什麼？

謹慎為上！我們有兩組得獎名單信封，分裝在兩個手提箱——我們一人一個。典禮早上我們分別到達現場。洛杉磯的交通很難預料！典禮上，我們兩個都會在後台把信封交給頒獎人。

我們還記住了每一個，獎項，每一位，得獎者。得獎者姓名並未鍵入電腦或手寫下來，以免紙張遺失或出現安全漏洞。

　　典禮期間，兩位會計師負責將信封交給頒獎人。就像高利
南所說，「我們得確保從手提箱裡拿出的是對的信封……這雖
不是什麼艱難的任務，但現場有那麼多事情同時進行，你得非
常留意才行。」

　　就在最佳影片頒獎出錯的幾分鐘之前，魯伊斯把最佳女
主角的信封交給李奧納多‧狄卡皮歐（Leonardo DiCaprio），
後者宣布得獎者是主演《樂來樂愛你》的艾瑪‧史東（Emma
Stone）。

　　接著，高利南的注意力分散了，他在推特貼了一張艾瑪‧
史東在後台的照片，大約就在同時，把手提箱裡的下一個信封
交給華倫‧比提。可是，那並不是最佳影片的信封，而是他那
一份最佳女主角的信封，跟魯伊斯交給李奧納多‧狄卡皮歐的
是一樣的。裡面的卡片內容就像這樣：

奧斯卡金像獎

艾瑪史東
《樂來樂愛你》

女主角

　　直到華倫・比提上了台、打開信封，他知道事情不對勁，可是他不知道該怎麼辦。他把卡片拿給唐娜薇看，應該是想得到她的協助，可是她只看到《樂來樂愛你》這幾個字，因此把它們大聲唸出來。

　　等到《樂來樂愛你》製片群上台致詞時，帶著耳機的舞台監督來到台上的人群中，接著，兩位會計師也上台，好幾個紅色信封被傳來傳去，致詞進行到兩分半的時候，《樂來樂愛你》製片喬丹・霍羅威茨奪回麥克風。「各位，真抱歉，不，出錯了。《月光下的男孩》（*Moonlight*），你們贏得最佳影片……我沒有開玩笑。」他把正確的卡片面對攝影機：

奧斯卡金像獎

《月光下的男孩》
製片：阿黛爾・羅曼斯基，蒂蒂・嘉娜
與傑若米・克萊納

最佳影片

「《月光下的男孩》，最佳影片。」

　　在耀眼眩目的會後派對上，有位記者發現影藝學院主席雪若・布恩・艾薩克斯（Cheryl Boone Isaacs）坐在一張白沙發上，盯著她的手機。他問她在出錯的那一刻心裡在想什麼。[3]

「驚駭，」她回答。

> 我只是想著，什麼？什麼？我望向前，看到普華永道事務所的人走上舞台，我心想，哦，不，什麼──發生什麼事？什麼，什麼，什麼？怎麼可能⋯⋯？然後我只是想，哦，我的天啊！怎麼會發生這種事？這種，事情，怎麼，會，發生。

儘管這是影藝學院和普華永道事務所極其尷尬的時刻，但沒有人因為這個錯誤而喪生。和其他事情相比，這只是個微小的系統失靈，但它依舊讓我們學到重要教訓。

誠如高利南在顏面盡失之前所說的，拿卡片給頒獎人不是什麼艱難任務，[4]但它卻很有挑戰性。在宣布得獎者之前，得獎名單一直保密，更增加戲劇性──和複雜性。而現場名人齊聚，再加上實況轉播，則讓整個典禮緊密耦合。

該系統有三大缺點。第一，信封上的獎項看不清楚，[5]淡金色的字印在紅色信封上，高利南很難發現他交給華倫・比提的是最佳女主角的信封，而不是最佳影片。而且，卡片上的獎項印在最下方，而且字體很小。得獎者（艾瑪・史東）與得獎作品（《樂來樂愛你》）以同樣大的字體印在中間。當華倫・比提把卡片拿給費・唐娜薇看時，她快速瞄了一眼，只看到很顯眼的《樂來樂愛你》這幾個字。

其次，會計師的工作比預期還要困難。後台一片混亂，就像高利南事先預期的一樣，「你得非常留意才行。」有些頒獎人從魯伊斯手中拿到信封，有些從高利南。而且現場很多事情會分散注意力——高利南一直想在推特發最新的明星照片。

可是，最值得玩味的缺點還是普華永道公司的兩個手提箱系統。你可以了解箇中邏輯：每個信封準備兩份，可以預防普華永道公司遭遇一些可預期的狀況，像是其中一位會計師把手提箱弄丟，或是另一人塞車趕不及。可是，冗餘雖是為了安全，但也會**增加複雜性**。那些多餘的信封製造出系統發生意外作用的可能性，有更多事情需要追蹤，更多移動的部分，更多分心事物——不知不覺增加了更多失靈的方式。

查爾斯・佩羅曾經寫道，「在複雜、緊耦合的系統中，安全系統是造成災難性故障的唯一最大來源。」[6]他指的是核能發電廠、化學工廠和飛機，不過，也可以用在奧斯卡頒獎典禮。若沒有那些備份信封，奧斯卡頒獎大失誤就不會發生。

安全措施有害安全

儘管佩羅提出警告，安全功能還是非常吸引人，它們能防止可預見的錯誤發生，所以人們會禁不住想要愈多愈好。可是，安全功能**本身**變成系統的一部分——這會增加複雜性。複雜性增加，我們就更可能遇到天外飛來一筆的故障。*

　　冗餘不只是會出包的安全措施，有項針對五間加護病房床邊警鈴所做的研究發現，[7]才不過一個月的時間，共兩百五十萬各種警示設計當中，就有近四十萬個發出過聲音，相當於**每一秒**就出現一種警示，每八分鐘就響起某種聲音。近九成的警鈴是假陽性，就像那個老掉牙的寓言：每八分鐘就哭叫狼來了，人們很快就不理你了。更糟糕的是，萬一嚴重的事情**真的**發生，響不停的警鈴很難讓人分辨哪些重要、哪些是小事。

　　這真的是有悖常理：安全措施居然危害安全，[8]很少有人像鮑伯・沃希特（Dr. Bob Wachter）如此了解這句話的諷刺之意。沃希特是加州大學舊金山分校（UCSF）醫學博士與作家，他在《數位醫生》（*The Digital Doctor*，中文書名暫譯）[9]一書中詳述帕布羅・加西亞（Pablo Garcia）的例子，護士不小心給了過多抗生素，差點要了這名少年病患的命。

　　西元2012年，UCSF採行新的電腦化系統，將一個房間大小的機器手臂藥房機器人、和從預分類的抽屜進行包藥的工作整合起來。醫生和護士都希望這項新科技能夠降低臨床失誤、提高病患安全。「電腦化開藥讓醫生筆跡變得像唱片上的刮痕

---

* 註：規模較大的情況也是如此。例如，依規定，客機為乘客提供氧氣也是安全措施的一環，可是，這項規定卻增加複雜性，也是我們在前言中提到的瓦盧杰航空五九二班機墜機的主因。

一樣不重要，」[10]沃希特寫道。「藥房機器人能確保從架上拿下正確的藥物，藥量也會像珠寶商衡量寶石一樣錙銖必較。條碼系統能讓這個接力賽的最後階段更是毫無瑕疵，因為，如果護士拿錯藥或走錯病房，系統都會發出警示。」

這些都是很棒的安全功能，能消弭不少常見的錯誤。可是，它們也增加了很多的複雜性。在加西亞的案例中，原本為了消除臨床錯誤而設計的開藥系統介面把他誤認為另一位小兒科病人，自此鑄下大錯。她以為她只開了一顆160毫克的藥丸，但她輸入的是160毫克／公斤，所以系統把她開的藥量再乘上加西亞的體重38.6公斤。**她開出了三十八顆半的藥丸。**

警示系統啟動，電腦上出現過量警戒，可是醫生把它按掉了，因為螢幕上一直都會出現不必要的警示。檢查藥單（當然是電子化）的藥劑師也沒發現錯誤。這台價值百萬的藥房機器人很盡責地包好了藥。儘管病房的護士對於如此大的劑量心有疑慮，但另一項安全措施，條碼系統卻告訴她她沒走錯病房、也沒找錯病患。她便安心餵男孩吃藥──三十八顆半全部餵完。

鈴聲、警哨和冗餘能消除某些錯誤，但也會火上加油、導致驚人的系統崩潰。然而，當我們面對大意外的發生──即使是複雜造成的意外──還是傾向增加**更多**安全功能。在討論藥劑過量問題時，[11]沃希特有個同事開玩笑說：「我想我們還需要再增加一個警示。」沃希特聽到簡直要尖叫：「問題就是我們已經有太多警示，再多一個會讓情況更糟糕！」

他說對了。增加更多安全功能是顯而易見的解決辦法，但並沒有用。那麼我們該怎麼辦？我們要如何讓系統更好？

診斷不失為有效的第一步。佩羅的複雜性／耦合矩陣能幫助我們找出是否容易遇到不明意外或非預期的錯誤。「該矩陣讓你知道你的計畫或事業會在哪一方面遇到危險意外，」[12]蓋瑞・米勒（Gary Miller）指出，核能工程師出身的米勒轉行擔任管理顧問，在公司裡是佩羅理論的傳道者。

米勒舉了一個例子，假設某零售商計畫開好幾家新店面，「你有沒有非常緊湊的開店行程，而且完全沒有失誤的空間？這就是緊耦合。你是否還有複雜的庫存系統，讓直接監控變得非常困難？這就是複雜性。若兩者皆具，則你該知道到了某一時刻會發生荒誕的故障，所以在開店前就需要做出改變。」

米勒提到，重要的是，雖然佩羅的矩陣不會告訴我們那個「荒誕的故障」會是什麼樣子，但已經很有幫助。只要知道系統、組織或計畫的某部分有漏洞，就能協助我們弄清楚是否需要降低複雜性和耦合程度，以及改變的重點要放在哪裡。這有點像是繫安全帶，我們繫上安全帶的原因並非我們明確知道即將會遭受什麼樣的事故，以及哪裡會受傷。我們繫安全帶是因為我們知道無法預測的事情可能會發生。我們烹煮假期大餐時會給自己一點緩衝時間，不是因為我們知道**什麼**會出錯，而是因為我們知道**會有事情**出錯。「你不需要知道就可以預防，」[13]米勒告訴我們。「可是，每次規劃或建造時，你都需要將複雜性和耦合視為關鍵變數。」

佩羅矩陣告訴我們是否朝危險領域邁進而不自知——然後，是否改變方向則操之在我們自己，我們將在本章以下部分探討如何做到這一點。我們會舉出人們成功將系統改得較不複雜、或耦合較不緊密的幾個案例，飛機、登山探險、甚至烤甜點。

增加透明度

「從機鼻到機尾，空中巴士Ａ三三〇真是美得難以置信，」[14]荷蘭航空（KLM）機師戴斯・永斯馬（Thijs Jongsma）在部落格上抒發他對這架飛機的無限愛意。「她傲然屹立。她在地面傾身向前，彷彿隨時準備衝刺。她翱翔時又昂起機鼻，更增添其優雅⋯⋯她是我飛過最美麗的一架飛機。」

駕駛艙也是別出心裁的傑作。幾個螢幕的排列襯托出它流線的設計，還有符合人體工學的配置，以及由顏色分類出各種顯示器和面板燈的聰明系統。「我有沒有提過機艙的許多設備都是由保時捷公司（Porsche）設計的？」永斯馬寫道。「難怪整體形狀、顏色和燈光會如此美麗。」

接著是控制的簡易性。機師和副機師前方沒有傳統的駕駛
盤，Ａ三三〇配置的是小型座側駕駛桿，看起來很像好玩的電
動搖桿。

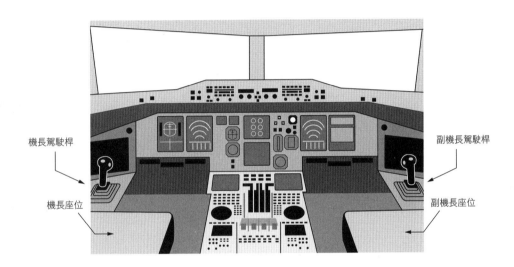

機長駕駛桿　　　　　　　　　　　　　　　　　　　　副機長駕駛桿

機長座位　　　　　　　　　　　　　　　　　　　　　　副機長座位

座側駕駛桿連接到飛機的電腦系統，機師下指令後——例
如十五度轉向——手就可以放開駕駛桿，飛機會完美執行任
務。而且座側操作桿占的空間很小，不會擋住儀表板。「由於
沒有方向盤，儀表板下面就可以放個折疊桌，」永斯馬放上食
物整齊排在折疊桌上的照片，並在下面寫上圖說。「荷蘭航空
其他機型不准機師一面工作、一面上桌吃飯。」
現在讓我們來看看波音七三七的駕駛艙：

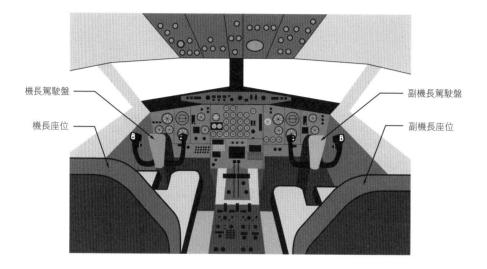

機長駕駛盤　　機長座位　　副機長駕駛盤　　副機長座位

　　這個駕駛艙裡沒有流線型的座側操縱桿，更不會有折疊餐桌。兩位機師的前方各有一個「W」形狀的駕駛盤安置在從地板立起、3 英尺高的控制桿上。機師把駕駛盤轉左轉右來操控飛機。要降低機鼻，他們就把整個控制桿向前推；要拉高機鼻，就把整個控制桿向後拉。如有必要，他們會一直拉到底——這也是為什麼他們的座位前方會有凹槽。和空中巴士聰明的座側操作桿設計相比，這些控制設備顯得又大又笨重。

　　「我們在飛波音七三七的時候，前面有個巨大的駕駛盤——無論機長或副機長轉動它，兩個駕駛盤都會同時轉動，」[15] 本書前言提過曾擔任機長的事故調查員班・伯曼指出。「兩位機師的駕駛盤構造相連，如果我把我的向左轉，副機長的也會向左轉。如果我用力急拉，副機長的駕駛桿也會自動向後拉，可能還會撞到他的膝蓋、或戳到他的肚子。」

至於整齊放置的餐盤，就別想了。「駕駛盤太大，你吃午餐時會擋在前方，」伯曼說。「食物常常灑到襯衫和領帶！」

在很多方面，空中巴士Ａ三三〇的設計似乎都優於波音七三七，一個是符合人體工學的優雅、一個是笨重的龐然大物；一個可以讓午餐優美地排放在餐桌上、一個則午餐常會灑到襯衫上。可是，如果你看仔細一點，會發現原來七三七老式的駕駛盤和笨重的操縱桿其實有其高明之處。

西元2009年，法國航空七七四班機，空中巴士Ａ三三〇，在大西洋上方墜機，機上228人全部罹難。[16]五年後，亞洲航空八五〇一班機——是控制系統和空中巴士Ａ三三〇類似的Ａ三二〇——墜入爪哇海，155名乘客和7名機組員全數喪生。

那些聰明的小操縱桿在這兩次墜機中扮演重要角色，兩架飛機最後會墜落，都是因為空氣動力失速——也就是說，機鼻朝上仰起的角度太大，機翼沒有足夠氣流，因而不足以「升起」以撐住整架飛機。[17]失速有個簡單的補救辦法：把機鼻壓下！可是，以上兩次事故中，都是經驗不足的飛行員，在驚慌失措之下將控制桿**往後拉**，把機鼻拉得更高。這兩次意外中的副駕駛都沒有發現這致命的錯誤。

「正副駕駛的兩個控制桿並不一起移動，而另一位機師的控制桿又在角落黑暗處，你看不到你同事是怎麼操縱的，」[18]

機長伯曼說。「即使你努力想要看到，則你得趁同事移動控制桿時剛好看到——否則也不會知道他做了什麼。」

這種情況不會發生在兩個舊式駕駛盤同時移動的機艙裡。如果另一名機師將那個巨大的操縱桿向後拉，你絕對會看見。它根本就在你眼前，而且很可能會打到你的肚子。這大大降低複雜性，因為發生的事情全都一目了然。

不過，你不需要會開飛機，只要會開車，就知道透明度的力量。《星艦迷航記》（*Star Trek*）演員安東·葉爾欽（Anton Yelchin）下車後，他那台重達4500磅的大切若基吉普（Jeep Grand Cherokee）在車道上往後滑動，把他夾死在紅磚柱子前。意外原因鎖定在吉普車變速排檔的設計。[19] 若是正常的排檔，你換檔時可以**感覺**和**看見**檔位。可是在這款吉普車裡，駕駛只要將滑順的單穩態電子換檔器向前或向後推，就可以輕鬆換檔。缺乏阻力的手感讓數百名駕駛困惑，[20] 以為車子在停車檔，而事實上卻在空檔或倒車檔。

優雅設計有其價值，外觀漂亮、駕馭有樂趣。可是，能夠一眼就看到系統的狀態也非常重要。透明化的設計讓我們不易犯錯——萬一**已經**犯錯也容易發現。透明度降低複雜性，把我們從危險地帶拯救出來。

同樣的道理適用於各種系統，不光只有實體裝置。還記得遮蔽安隆公司罪行的按市值計價會計法嗎？它讓公司變成一個黑盒子。相信一個黑盒子——不管它有多麼順暢光彩——都會導致災難發生。

留心小失敗的交互作用

讓系統透明化並非每次都可行——而且它也不是降低複雜性的唯一方式。以攀登聖母峰為例，無論是裂縫、落石到山崩和氣候驟變等，有許多隱藏的危險。高山病導致視線不清，過度暴露在紫外線下又造成雪盲，下大雪時，更是什麼都看不見。高山就是個不透明的系統，而我們束手無策。

可是，還是有其他辦法來降低複雜性。在過去，後勤問題令許多聖母峰登山隊感到頭痛。班機延遲、邊境海關刁難、補給品運送問題、與當地搬運工人的金錢糾紛，以及登山者跋涉到基地營途中遭遇的各種呼吸與消化病痛等等。很多問題甚至在開始攀登的幾個禮拜前就已經出現，只不過一開始似乎都只是小問題。

然而，這些小事卻造成延遲、增加隊長的壓力、侵蝕計畫的時間，也妨礙登山者專心適應高緯度。然後，就在攻頂之前，一個個小失靈和其他問題相互作用。分心的隊長和累壞的組員都沒注意到明顯的警訊、而犯下一般不會犯的錯誤。如果聖母峰上天氣轉壞，進度落後、精疲力盡的登山隊根本毫無勝算。

真正的兇手不是高山本身，而是許多小失敗的交互作用，一旦明白這一點，就可以找到解決辦法：盡量排除後勤問題，這也是最優秀的登山公司所做的事情。他們把枯燥的後勤狀況視為重要安全問題。[21] 他們非常留意登山隊最現實的層面，例如雇用後勤人員來減輕隊長的負擔、或準備齊全的基地營設備等等。就連煮飯也是件大事。有家登山公司的小冊子寫道：「我們為聖母峰及全球山岳登山隊精心準備食物，大幅降低組員的腸胃問題。」[22]

　　登山公司了解，危險往往來自小失靈的複雜作用。改善後勤工作雖無法讓聖母峰百分之百安全，但能讓登山過程較不複雜，預防那些可能會集結成大災難的小失靈發生。

　　在聖母峰奏效的解決方案也可以用來管理那些風險較低的日常狀況，例如準備感恩節晚餐。這件事情也是一樣，許多小問題可能匯集成大失敗。一面做菜、一面還要做其他事情，像是掃廁所和擺桌等，更增加壓力、造成分心。忙翻的主人會犯下荒謬的錯誤，就像第一章提到《好胃口》雜誌讀者分享的，他曾把咳嗽藥水當成香草精來製作冰淇淋。

　　與其只看做菜本身——烹飪界的攻頂任務——我們可以把整件事視為一套系統。我們也可以像登山公司的做法一樣，在小細節造成分心之前、事先把它們處理好。請客的前一天，我們就可以整理花園、打掃廁所。還要準備好所有材料，而且不光是那些主要食材，還包括鹽、橄欖油、鋁箔紙等東西。把這些瑣碎的事情當成請客成功的關鍵，就能預防感恩節大災難。

　　在其他系統，人們也發現移除不必要的警鈴和警哨能夠降低複雜性。[23]回想波音客機的機艙，然後一一檢視以下清單，這些故障都會影響一架多引擎巨型飛機。你認為哪一項會引發機艙內高度警戒呢？

- 引擎起火
- 飛機開始下降、但起落裝置未放下
- 即將發生空氣動力失速
- 引擎熄火

聽起來都很嚴重，不是嗎？

　　但其實只有其中一種情況會在波音機艙裡引起警鈴大作。當空氣動力失速即將發生，會亮起紅色警燈，螢幕上也會出現紅色的警告訊息。控制桿劇烈震動、發出極大聲響。機師看見、聽見也感覺到警報。

　　除了失速以外，其他都不會啟動警報，就連引擎起火也不例外。引擎起火當然很嚴重，但它可能不會馬上影響飛行。起火會啟動紅色警燈、紅色訊息和小聲的警鈴，但不會劇烈搖動控制桿。

　　還有另一種更低程度的警報，叫做「建議」，只會在螢幕上出現黃色的訊息，其他什麼也沒有，連警燈都不會閃，液壓系統中的油料過低就屬於這一類。機師需要知道，因為他們必須監看燃油存量，可是這種情況並不緊急。如果燃油完全耗盡，就會出現較高程度的警示，啟動更多警示燈和警鈴。

原則很簡單：不要讓警告系統——其實任何系統都一樣——比必要程度還要複雜，讓人們不知所措。刪掉不需要的，剩下的依重要程度排列，*這叫做警報階層化。在以往，飛機設計變得愈來愈複雜時，機艙一度全部都是警示燈。有了階層化的做法以後，現在多數班機都不設警示燈了，機師也不再因為小狀況而搞得一個頭兩個大。

難怪其他產業也開始起而效尤。「我們組了一個委員會來評估所有的警報，然後一一刪除，」[24]鮑伯·沃希特寫道，他指的是他們醫院全面執行警報階層化。「這是很痛苦的工作，相當於數位界的拔雜草工作。」

當然，有時候複雜性是不可能降低的——我們無法在每件事情上都要求更透明化、排除小故障，並刪掉過多的安全功能。但即使如此，我們還是可以盡量讓事情的耦合更為鬆散。

本章提過的那位管理顧問蓋瑞·米勒曾接過一個案子，要

---

* 註：波音工程師很認真地讓每種狀況觸發正確的反應，但這有時需要更詳盡入微的做法。例如，起飛滑行之初引擎失靈，需要機長迅速作出反應，立刻讓飛機在跑道上煞車，所以，這個問題的警報應包括了紅燈警示、紅字訊息，以及電腦合成音大喊「引擎故障」。幾秒鐘後，一旦飛機加速，跑道長度已不足以煞車，此時除了紅字訊息以外，其他警報全都自動關閉。這麼做是為了防止機師在已經不能停止時還想要煞車。而如果飛機穩定飛行時引擎故障，就只會啟動黃色警示燈、嗶嗶聲，以及黃色的文字訊息。

振興一家小型連鎖咖啡店。[25]店主一直規劃要再開幾家分店，同時，既有的店面也要推出新菜單和新裝潢。

「這是咖啡店——和三哩島核電廠天差地遠，」米勒笑說。「但如果你仔細想想，它們在某些地方又有類似之處。」

他認為裝潢計畫太複雜、耦合太緊密。而新菜單也是又長又繁多，而且公司得因此依賴錯綜複雜的供應網。「他們和一大堆新供應商簽了繁瑣的合約，」米勒說。「每一樣東西——麵包、湯、醬料、水果、飲料——各自來自不同的廠商，很難想出控制全局的辦法。就連新分店的設計也很複雜。」此外，裝潢計畫的時程表非常緊湊，老闆希望所有既有分店的裝潢一起進行，同時還要新開好幾家店面，沒有什麼誤差的空間。

米勒企圖說服店主移除部分複雜性——縮短菜單、讓供應鏈直線化，並簡化新店面的設計。可是店主無法更改，他們已經和多數廠商簽約，而且他們很喜歡新菜單與新裝潢設計。於是米勒嘗試從其他方面下手。「我說服他們放慢速度，拉長時間表，不要一次裝潢所有分店。花了一點時間，但他們最後同意了。」

可想而知，弄得那麼複雜，最後開店情況並不完美，但由於計畫中預留了額外空間，該公司行有餘力處理問題。「真是手忙腳亂的幾個禮拜，」米勒回憶道，「但不致釀成災難。」

*　　*　　*

如本章所見，我們有辦法可以簡化系統，使之更透明，並加入鬆散的空間。可是，這種做法有其限制。飛行中的複雜和耦合因素不可能完全移除，醫療、深水鑽油和金融也是。你自己的專業領域和人生也一樣，你可以想出許多無法去除複雜與耦合的理由。

複雜和耦合當然也有優點。蓋瑞・米勒合作的那家咖啡店提供複雜完整的菜單，讓顧客有更多選擇，對店家也有利。公司優化供應鏈，不會累積一堆貨品，可以省錢——可是也會增加耦合性。今日我們生活與工作上許多不可或缺的科技都是既複雜、耦合又緊密，要遠離危險地帶並不那麼容易。

好消息是，我們可以聰明而有效率地在這個新世界裡工作、思考和生活。雖然我們無法徹底改變多數系統，但我們可以改變**我們使用系統的方式**。在接下來的幾章，我們會探討如何在面對複雜時做出更好的決策；如何察覺系統正慢慢衍生問題的蛛絲馬跡；以及如何改變與他人共事的方式，以避免在危險地帶擦槍走火、一發不可收拾。

第 五 章

複雜的系統，簡單的工具

「質疑你的直覺是個特別的練習。」

主觀機率區間估計值

　　一個叫做姊吉（Aneyoshi）的小村莊座落在日本東北岸蘋果樹成排的山谷裡。樹木叢生的山坡旁、村裡唯一的道路邊豎立著一塊石碑，上面刻著警告文字：

　　逐高地而居能確保子孫平安快樂。[1]
　　莫忘大海嘯的不幸災難。
　　不要把家園建立在低於此地標之處。

　　一九三〇年代，該村居民在一場毀滅性的海嘯災難後，將村落遷移至此，並豎立這塊石碑。像這樣的海嘯紀念石碑廣布於日本海岸地區。有些立於1896年的海嘯之後，有些則更早。不過，自二次世界大戰之後，[2]人們對於這些古老的警告多半置之不理。日本人口快速增長，海岸城市發展，許多社區都從高處遷到海邊。

2011年3月11日，近海發生大地震，海嘯襲擊姊吉山谷，但僅止於該石碑幾百英尺以下，山下全部被摧毀。

姊吉村南邊200英里處是福島第一核電廠，[3]大地震發生時，該廠的反應爐立刻關閉，備用發電機啟動，開始冷卻溫度依舊很高的核燃料。一切似乎如計畫進行。

可是，地震發生後不到一個小時，又引發海嘯，海浪衝過該廠的防坡堤、淹沒發電機。冷卻系統失靈，反應爐又開始過熱，很快便熔毀。有幾座發電機座落於山坡較高處，可是原本應該從這些發電機送電出去的配電站也遭水淹。殘酷的大自然力量碰上複雜的現代系統，結果是：三座反應爐熔毀，發生多起化學大爆炸，以及輻射物質外漏。

這是二十五年以來全球最慘重的核能意外，但這原本是可以避免的。例如，女川核電廠離地震震央近得多，[4]即使大海嘯摧毀了周遭城鎮，核電廠卻幾乎毫髮無傷。女川電廠安全地關閉。事實上，海嘯發生時，附近社區有數百名居民**在廠內**避難。「在當時，」有位居民回憶道，「**沒有比該核電廠更合適的避難所了。**」

女川電廠為何如此特別？三位史丹佛大學研究人員[5]——菲利普·利普西（Phillip Lipscy）、肯吉·庫希達（Kenji Kushida）和崔佛·印瑟提（Trevor Incerti）——特別研究這個問題。他們發現了幾個影響因素，但其中最重要的原因是女川電廠的防波堤高度。他們說：「女川核電廠14公尺高的防波提足以抵擋13公尺高的海嘯，而這高度的海嘯卻讓福島第一電廠10公尺高的圍牆不堪負荷。」[6]更高的牆，他們寫道，「應該能夠避免或大幅降低福島第一核電廠的災難程度。」只要再高個幾公尺，情況就會完全不同。

利普西等人從女川和福島的教訓做出令人不寒而慄的結論：[7]福島並非唯一特例。防波堤高度低於當地最大浪高紀錄的核電廠至少有**十幾個**，而且這些核電廠分布在世界各地：日本、巴基斯坦、台灣、英國和美國。

假設你的工作是決定核電廠的防波堤該蓋多高。你要如何決定呢？這是個困難的決定，因為重要的並非平均值，而是極端值。顯然地，你可能會說，你希望防波堤能夠高於當地曾觀察到的最大浪高，很合理，可是然後呢？應該要再高多少？

這個問題很棘手。增加高度得花很多錢，尤其是，你希望這座牆不只夠高，還要夠堅固。12呎高的牆已經是四層樓的高度，但尚不及女川電廠的防波堤高度！牆面愈高，就會衍生出愈多的問題。工程變得更複雜，居民也會開始抱怨有礙觀瞻，維修費暴漲，而且這面牆很快就會成為你最大的惡夢。它顯然不能無限增高，你該如何做出決定呢？

你可能會說，你可以根據歷史浪高數據和海嘯模式估值來計算，可是，歷史數據不一定都涵蓋最糟的情況，而估算模式也充滿不確定性。由於你不能無限增加防波堤高度，你得努力算出一個你**非常確定**會奏效的數字。你無法百分之百確定，但你可以計算出一個可能的浪高範圍，也就是介於最好的情況和最壞的情況之間。例如，你可能百分之九十九確定最大浪高會在7到10公尺之間。然後，你就可以根據這個預測來決定防波堤要蓋多高。

　　一般人不需要決定防波堤的高度，但還是會覺得這種場景很熟悉，其實我們常常需要做這樣的預測。估算某項計畫的長度、或在塞車時段抵達機場的時間，情況都很類似。我們無法對這些預估百分之百確定，如果要完全確定，我們得說計畫完成的時間會從零到無限大的天數之間。這一點用處都沒有，因此，無論是明確或暗示，我們會使用所謂的信賴區間——合理的最佳狀況和合理的最糟狀況之間的範圍。例如，我們也許百分之九十確定我們的計畫會在兩個月到四個月之間完成。

　　麻煩的是，我們並不擅長做這類預測，以至於訂出的範圍太過狹窄。就像心理學家唐・摩爾（Don Moore）和尤瑞爾・哈朗（Uriel Haran）所說的：「研究這類預測發現，[8]理論上有九成的信賴區間應該能在十次中有九次達到目標，但事實上正中答案的機率往往不到五成。」**原本對某預測應該有九成信心，卻發現正確的時候不到一半。**即便對錯難料，我們還是信心滿滿。同樣的，當我們聲稱有百分之九十九的信心時，實際錯誤的機率卻高於百分之一。如果你百分之九十九相信最大浪高會介於7到10公尺之間，你可能還是會免不了大吃一驚。

我們做預估時——像是某項計畫的長度——往往著重兩個端點：我們設想出一個最佳可能結果（計畫在兩個月內完成），以及一個最糟可能情況（它可能拖了四個月）。摩爾、哈朗與同事卡瑞‧摩瑞維基（Carey Morewedge）想出了更好的方法，迫使我們擴大考量可能結果的範圍。這個方法叫做SPIES [9]——主觀機率區間估計值（Subjective Probability Interval Estimates）。這名稱聽起來有點怪，但其實很簡單。我們不找最佳與最糟兩個端點，而是預估好幾個可能結果的發生機率——在所有可能數值區域之內找出好幾個區間。首先訂出一個涵蓋**所有**可能結果的區間，然後，逐一思考當中每一個小區間的可能性，並寫下你的估計值。像這樣：

區間（計畫長度）	估計可能性
少於一個月	0%
一到兩個月	5%
兩到三個月	35%
三到四個月	35%
四到五個月	15%
五到六個月	5%
六到七個月	3%
七到八個月	2%
超過八個月	0%

　　你可以從這些預估可能性算出信賴區間。例如，如果你想要有百分之九十的信賴區間，就可以不理會低端那些少於百分之五的區間（少於一個月和一到兩個月），你也可以刪除高端那些可能性不足百分之五的區間（六到七個月、七到八個月，以及超過八個月）。剩下的就是百分之九十的信賴區間：二到六個月。不過，其實最後這幾個計算步驟可以省略。摩爾和哈朗創造了一個好用的線上工具，讓你可以簡單輸入你的區間和估計值。*

　　SPIES工具完美無缺嗎？未必，但幫助很大，且不同以往。摩爾和哈朗表示：

　　　我們的研究一再顯示，使用SPIES作出的預測要比其他預估方法更常切中答案。[10]舉例來說，某研究讓參與者分別使用（傳統的）信賴區間和SPIES來估計溫度。百分之九十信賴區間猜中正確答案的機率為百分之三十，但使用SPIES法算出的區間命中率逼近百分之七十四。另一項研究則要參與者猜測各種歷史事件的日期。使用（傳統的）百分之九十信賴區間法答對的機率是百分之五十四，然而，SPIES信賴區間卻有百分之七十七的準確度。

---

* 註：SPIES工具可在哈朗的網站上取得：http://meltdown.net/spies。

　　SPIES 強迫我們考量全部可能範圍，而不只有兩個端點，因此降低我們過度自信的可能，並讓我們比較不會忽略表面上不大可能發生的情況。

　　不幸的是，負責設計福島核電廠的東京電力公司（TEPCO）並未考量所有可能性。「東電沒想過會發生規模超過預期的大海嘯，」[11]該公司某資深主管在事故發生後坦承。儘管古老的海嘯紀念碑和現代電腦模擬都發出警告，該公司還是「不夠謙遜，以致未考量天然災害的全面影響。」

渥太華踝關節準則

　　東電公司的主管過度自信，他們同時也面臨一個艱巨挑戰。他們使用複雜的模型來預測海嘯的規模，可是這些模型卻缺乏反饋，無從得知實際準確度：多數時候都沒有海嘯發生。這當然是好事，但卻讓東電的任務更加困難。

　　東電工程師身處心理學家所謂的惡劣環境[12]，在這種環境下，很難檢查我們的預測和決定是否夠好。這就像學煮菜但又不能嚐食物味道一樣。沒有反饋，只憑經驗很難讓我們善做決策。我們不會憑空學會加一匙鹽會煮出美味湯品，還是一團死鹹水。

　　其他類型的問題——那些所謂的良性環境——則常常針對我們的決策結果提出反饋。在這類環境之下，人們**能**學會做出有效決策的模式。例如，西洋棋大師能快速走出高招的一步棋，而菜鳥就算左思右想，也常常錯失最佳機會。氣象學家利用他們在某一地區累積的天氣經驗來改善其預測準確度。這些專家隨時獲得反饋，西洋棋高手以比賽輸贏檢驗，氣象專家則一直檢視他們的預測準確與否。他們得以嚐到自己煮出來的湯是什麼味道。良性環境中的專家能夠成為麥爾坎‧葛拉威爾（Malcolm Gladwell）《絕對2秒間》（*Blinks*）書中提到的，發揮直覺的超級英雄，像是消防隊長靠著第六感、及時在地板塌陷之前叫組員撤離失火的大樓。[13]

　　可是，在惡劣環境工作的人不會有機會發展出這樣的專業。[14]研究顯示，他們的判斷能力並未與時俱增。[15]例如，有項實驗發現，查看身份證的**移民官員每七次就會有一次讓照片與本人長相不符的人通行**。這些資深官員的表現，證實和參與相同實驗的學生一樣差。警察也是，他們偵測謊言的能力並不比未受過訓練的學生好。惡劣環境中的人往往根據不相干的因素來下決定。有項研究顯示，在假釋聽證案件繁多的時候，法官──他們的決策很少獲得獨立反饋──在剛吃飽後同意假釋的件數較多，而且差距很大：飯後同意假釋的比例高達百分之六十五──但隨著時間過去，慢慢掉到幾近於零，一直到下次休息進食後才會再回升！思考一下：飢餓不應該影響專家的判斷，不是嗎？

　　更糟糕的是，那些做著惡劣工作的專家又往往沒什麼犯錯

空間，人們指望他們可靠，所以他們很難承認犯錯，並從中檢
討和學習。我們固然不在意氣象預報員錯報明日氣溫，但我們
可不希望警察抓錯人、或假釋法官做出武斷的決定。

並不是消防員和氣象學家比警察或法官聰明，這和**他們必
須做的事**有關。舉例來說，氣象學家善於預測短期雨量[16]——
這是他們常常有機會練習的事情——可是預測龍捲風這類少見
的事情就比較不擅長。光是雨量這件事，冬天（引起降雨的雨
雲很穩定）的預測也會比夏天（熱氣造成突發性大雷雨）來的
準。[17]

在複雜系統裡做決策比較像預測龍捲風，而非預測雨量。
複雜系統是惡劣的環境：關於我們的決策會帶來什麼影響，很
難了解和學習，而且依靠直覺的結果也往往令人失望。好消息
是，不能依賴直覺時，有工具可以使用。[18]

想想看，醫生是如何診斷跛著腳走進急診室的病人。[19]長
久以來，醫生都被諸如腫脹這類不重要的症狀誤導，他們開出
的X光檢查總是多於必要，都將之視為一種診斷的安全網。可
是，X光檢查需要花錢——把每一個腳踝受傷的人加起來就是
一大筆費用——而且會讓病人暴露於不必要的輻射之下。醫生
還會**漏診**嚴重骨折，需要的時候反而沒開X光檢查。他們全靠
直覺，又從未獲得足夠反饋來改善那些直覺。

一九九〇年代初期，加拿大醫生團隊開始改變現狀。[20]他
們進行研究，找出真正重要的診斷因素。數據顯示，只要使

用四項標準，X光開單率就可減少三分之一，而且還能找出嚴
重骨折，後來發展成如下的**渥太華**踝關節準則（Ottawa Ankle
Rules）：

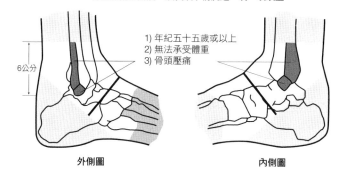

腳踝出現以下情況才照X光：

踝關節附近疼痛，以及以下情況之一或一項以上

6公分

1) 年紀五十五歲或以上
2) 無法承受體重
3) 骨頭壓痛

外側圖   內側圖

　　疼痛、年紀、承重、骨頭壓痛，簡單又清楚的預設，這些
標準比醫生的直覺有用多了。四個簡單的問題就把每位醫生變
成診斷專家。[21]

　　我們也像渥太華踝關節準則發明之前的醫生一樣，當下常
常憑直覺來做決定，而不是依賴預先設定的標準。例如，想想
看，我們多半是如何選擇由誰來負責某個重要的高風險專案。
我們可能會考慮好幾位有資格的專案經理，憑直覺地比較他們
之間的優劣，然後做出決定。可是，這會讓我們在惡劣環境中
被直覺誤導。

反之，我們應該針對**這項專案**發展出準則。先訂出專案經理成功所應具備的基本技巧，然後比較所有人選在這些準則上的表現，並分別給與一分、零分或負一分。如果做決定的有一群人，就要讓他們獨立給分，然後將結果平均。如此一來，每位人選的整體優勢都會以分數表現，如下：

技巧	平均得分		
	蓋瑞	愛麗絲	蘇蜜
工程理解度	1	1	0.25
維繫客戶的能力	−0.25	0.5	0.75
獲得內部支持的能力	0.5	0.75	1
總得分	**1.25**	**2.25**	**2**

該流程很簡單，但能協助我們避免被其他不相關的因素所蒙蔽，像是某位員工人緣好又長得漂亮，但也許缺乏該職位所需的專業技術或組織技巧（像是蘇蜜），或者某人是工程奇葩，但不知如何維繫客戶（像是蓋瑞）。當然，你的準則項目可以比上例還要長很多，你也可以加重某些項目的得分。

麗莎是來自西雅圖的一位年輕媽媽，[22]她先生就用這種方法物色他們的第一棟房子。在開始使用預設標準之前，他們已經看了五十幾間房子，但都沒有適合的。「這些房子總是有些地方吸引我們其中一人、但另一人不喜歡，我們都無法清楚說明自己的偏好，」麗莎表示。「而且我們常常在小地方鑽牛角尖——像是臥室油漆顏色很醜，或是某個窗外景觀的細節。」有時候他們著迷於某棟房子，而忘了原本的長遠目標。他們幻想著可以在裡面舉辦高級晚宴，而忽略房子的設計不適合日後小孩的成長。「更糟的是，帶著兩歲大的孩子一家一家地看房子真的很累，」麗莎說。「你會想趕快成交，很容易變得目光短淺。」

四個月的徒勞無功後，夫妻倆改採新作法。他們先列出兩人覺得重要的所有標準，從房屋動線到環境品質，共有十來項。接著，他們利用一個名為「配對維基調查」（pairwise wiki survey）的線上工具將這些標準依優先順序排列。[23] 該工具隨機從表單中選出兩項標準，他們得從中選出較重要的一項。

哪一項對你比較重要？

動線流暢 　　　　　　　　　　　　　　　　環境安靜

無法決定

經過數十次抉擇後，該工具為每一項標準計算出得分，從零分（從未被選）到一百分（每次都被選）。例如，「動線流暢」得到七十九分，這表示它和隨機選出的另一標準相比較時，有百分之七十九的機會被選中。夫妻倆使用這些得分來權

衡標準。*

　　之後，他們每次去看房子時，就分別在每一項目評上負
一、零或一分。若兩人給分不同，就寫下平均值。加權總分就
是每棟房子的總得分。以下是他們為幾棟房子評分的表格摘
錄：

標準†	加權	D房	J房	T房
功能性（三房，客人空間）	89	1	1	1
動線流暢	79	0.5	1	0.5
寬敞	73	0	1	1
增建住宅附屬單位（ADU）可能性	67	1	1	1
與戶外／自然環境連結性	62	1	1	0.5
家的感覺	62	1	−1	0.5
不大需要大整修	61	1	−0.5	1
CP值	53	0	0	0.5
周遭社區感覺	65	0	−1	0.5
環境幽雅	57	−1	−1	0
鄰居	54	−1	0	0
加權總分（極大值722）		269.5	155.5	450.5
加權百分比		37.3%	21.5%	62%

---

* 註：你可以上www.allourideas.org創造自己的配對維基調查。

† 註：為簡化流程，夫妻倆刪除了幾個得分很低的標準。

　　讓我們以 D 房為例，麗莎和她先生很喜歡這棟房子，給了一堆 1 分，可是，令他們意外的是，結算後卻發現這棟房子的加權總分很低。「這房子有很多地方我們都很喜歡，幾乎要愛上它，」麗莎說。「可是，評分系統確保我們將周遭環境列入考量，而這棟房子的所在地區並不佳。」最後夫妻倆買了 T 房，雖然這間房子得到一分的項目少於 D 或 J，但在各方面表現都有一定的水準，多數加權項目也得到高分。

　　「這個方法幫助我們兼顧表面細節和內心模糊的感受，」麗莎說。「要同時謹記幾十個不同的標準實在太複雜，有了這個工具，我們可以了解全貌。它還能讓意見不合的情況不那麼情緒化——我們能討論具體的項目，而不是在個人印象上爭執不下。」

　　用這種方式來增加結構不一定試用於每一件事，但在惡劣環境中面臨重要決定時，簡單的辦法就能發揮很大的作用。

連鎖零售商展店計畫

　　2013 年三月，美國零售巨擘塔吉特百貨進軍加拿大。天還沒亮，數百名好奇的顧客和愛買便宜貨的人便不顧寒冷地來到各個分店，有些人甚至帶著帳篷來過夜。早上八點，大門打開。「塔吉特百貨開幕時我一定要來湊熱鬧！我很興奮，非常興奮！」有位女士進門時說道。身穿該公司紅 T 恤、卡其褲傳統制服的員工在門口拍手、歡呼，與上門的顧客擊掌。「請進，各位，歡迎來到塔吉特百貨！請進，各位，推一台購物車吧！」

塔吉特尚未開分店時，在加拿大就已經很有名，[24] 以前加拿大人常常會越國界到美國的塔吉特購物。為了炒作進軍加拿大的盛大開幕，塔吉特公司在奧斯卡頒獎典禮播出以加拿大為主題的廣告。該公司在不到九個月的時間，就在加國開了124家分店，遍及該國每一個省分，就連小小的愛德華王子島也不例外。

然而，開幕後不到兩年，塔吉特公司關閉了加拿大所有分店，完全退出加國市場，一萬七千多人因此失業。當時加拿大塔吉特百貨已累積了幾十億美元的虧損。「簡單來說，我們每天都在賠錢，」[25] 塔吉特執行長坦承。加國媒體將此次的業務擴張稱為「一敗塗地」、「滅頂之災」，以及「美國零售商在本國最大的失敗」。那是個驚人的崩潰，誇張到還有加拿大編劇將這件事寫成劇本。[26]

塔吉特的擴張計畫很大膽。該公司未採取循序漸進的做法，而是簽了一筆18億美元的房地產交易，租下一百多個店面空間，所以他們有壓力，必須盡快開張、以避免一直空付店租，而且房東很不喜歡購物中心裡有閒置的大空間，更增加該公司壓力。塔吉特公司被迫陷入了非常緊湊的時程。

換句話說，加拿大擴張計畫從一開始就是個耦合緊密的系統。「想想看,那麼短的時間內要在一個新國家開那麼多家分店,誤差空間非常小,」[27]報導塔吉特在加拿大倒閉新聞的多倫多記者喬‧卡斯塔多(Joe Castaldo)指出。「因此連出個差錯都沒時間更正,因為所有新分店得在幾周內全部開張。」

該業務擴張也很複雜。搬到加拿大需要建立起一個巨大的供應鏈管理系統,以便直接將商品從廠商運到塔吉特倉庫,再從倉庫運到各個分店,然後上架。這套系統必須載明每一項商品,並產生可靠數據,以幫助公司預測需求、補貨,並管理各發貨中心。在美國,塔吉特公司已經有個行之多年的可靠系統,可是加拿大不一樣,既有系統需要修改,以配合法語字母、公制和加幣,無法直接搬到國外使用。

因時間緊迫,塔吉特公司買了一套現成的供應鏈管理系統在加拿大使用。他們選中了備受業界好評的德國軟體,這是一套高檔、先進的系統,可是很難上手,公司裡很少有人真正了解如何使用。卡斯塔多稱之為「無情的怪獸」。[28]

為讓該系統開始運作,員工必須輸入七萬五千多種商品的資料,從產品代號、規格、到能裝入運輸箱裡的件數等等,每一項商品往往有幾十個項目要填,而且還要快速完成,所以出錯的機率很高。

可想而知,員工犯了不少錯誤,都是小錯誤——打錯字、漏填、產品規格寫成公寸而非公分——但數量太多了,而庫存

管理系統一定要有每一項商品的正確資訊，以及每家店面每個
貨架的精準規格才能正常運作。

　　小錯百出重創塔吉特的供應鏈。貨品並未正確送達分店，
顧客上門時，貨架還是半空的。同時，擴張團隊高估了需求，
倉庫堆放過多商品，公司只得租下額外的儲存空間，但也因此
更難掌握每件東西的去向。

　　「塔吉特的發貨中心怎麼會那麼快就爆滿？而且沒花多少
時間就造成這樣的局面，」[29]卡斯塔多告訴我們。「每樣東西
都得迅速進出，下一次進貨時才會有存放空間，一旦出狀況，
問題很容易接踵而至。」

　　商品部門曾花了兩個禮拜的時間，以人工檢查系統中每一
條產品線的資訊，可是，錯誤還是很多，各分店存貨不全、貨
架全空、顧客憤怒不已。而且，加拿大總部的主管在電腦螢幕
上看到的與現場實況不符──這無疑是複雜系統的跡象。「我
們幾乎沒看到顧客所見的，」[30]某位前員工說。「我們看書面
資料，以為一切順利。然後我們親臨現場，才驚覺，『哦，我
的天哪！』」

　　結果，業務擴張一團亂，2015年年初，加拿大塔吉特百貨
便已夭折。

　　其實，從很多方面來看，塔吉特公司老早就已經輸了
──2011年，當它簽下店面租約、把自己綁定緊湊的時程

時，命運就已註定。大約在同一時間，塔吉特的年報提到進軍加拿大的預期風險，[31]主要著重在幾個一般性的因素上，像是宣傳計畫、分店裝修和員工招募等等。完全沒有提到後來造成巨大傷害的實際風險：過度緊湊的開店時程、存貨系統的複雜性、令人為難的資料輸入問題，以及加拿大的風俗習慣——像是公制系統和法語字母等等。這些問題在年報中隻字未提。

當然，放馬後砲很容易，就像華倫·巴菲特（Warren Buffett）說的，後照鏡永遠比擋風玻璃看得清楚。後見之明總是來得太遲——至少看起來如此。可是，如果有辦法能在系統崩潰**之前**、先行利用後見之明呢？要是我們能事先得知後見之明呢？

事前驗屍法

幾年以前，我們在某頂尖商學院畢業典禮前的幾個禮拜，訪問了六十位畢業生。這是個簡單的線上意見調查，只問一個問題。我們給這些學生幾分鐘的時間，寫下他們認為母校未來最大的危機是什麼。我們想了解，問卷的用字是否影響受訪者的回答，所以準備了兩種稍微不同的問卷版本。一半學生看到的是我們的原版問題（第一版），另一半學生看到的則是稍作修改的版本（第二版）。

以下隨機選出幾個回答，你能看出任何模式嗎？

第一版問題回答	第二版問題回答
「提供給學生的實務訓練不足。我們學到的實用技能比其他學校的學生少。」	「太著重學術，太少實用技巧和生涯服務。」
「課程和很多學校相同，無法讓本校畢業生年年找到好工作。」	「學術醜聞與學生考試作弊損害學校聲譽。」
「我們的課程設計未能讓課堂教育和實務工作經驗相結合。」	「人工智慧取代許多本校畢業生從事的基層工作。」
「與其他學校相比，企業前來招募的名額較少，在協助學生生涯準備上力道不足。」	「天然災害損毀校舍。新法規讓外國學生難以取得簽證。」
「來自其他學校的競爭，以及整體經濟的威脅。」	「其他學校提供較多的應用訓練。線上課程逐漸淘汰實體課堂。本校經濟系打造應用課程，挖走我們優秀的學生。」

　　如你所見，第一版的回答內容雖然比較侷限，但非常合理，都是關於外部競爭和課程內容，是一般學生會抱怨的事情：其他學校做得比較多，以及課程不夠實用等，這些是理性的看法。然而，看看第二版問題的回答，學生一樣提到外部競爭和課程內容，但還不僅如此：**作弊醜聞！天然災害！人工智慧！線上教育！**還有從非預期的法律改變到本校自己的經濟系來挖人才等等，答案包羅萬象。有更多樣化的危機層面，也有更多另類的想法。

　　兩個版本的問題究竟哪裡不同，導致這樣的結果呢？第一

版本是想讓大家腦力激盪潛在危機時會提出的那種直述性問
題：

> 請花幾分鐘的時間，思考未來兩年最可能威脅學校生
> 存和成功的因素、趨勢或事件──寫下所想到的每一件
> 事。

第二版本做法稍有不同。它並未強調**可能**出現的危機，而
是要受訪者想像自己來到兩年後，**已經發生了什麼壞結果**。

> 想像現在是兩年以後，學校經營在苦撐，你剛畢業，
> 不斷聽聞關於母校的壞消息；事實上，校方甚至可能會廢
> 掉商學系。現在，花幾分鐘的時間想像造成這個結果的原
> 因、趨勢或事件──寫下所想到的每一件事。

這種問法是參照一種叫做「事前驗屍」（premortem）的聰
明方法，[32]發明者蓋瑞‧克萊恩（Gary Klein）指出：

> 若某計畫進行不順利，[33]一般都會召開教訓學習會
> 議，檢視哪裡出錯，以及計畫為何失敗──就像法醫驗屍
> 一樣。我們何不先做這件事呢？在計畫展開之前，我們就
> 應該說：「我們看著水晶球，知道這項計畫已經失敗，而

且一敗塗地。現在，請各位花兩分鐘的時間，寫下你認為
計畫為何失敗的所有原因。」

然後，每個人唸出他們想出的原因——並一一將解決辦法
寫在小組紀錄上。

「事前驗屍」是根據心理學家所謂的**事前的後見之明**——
也就是從假設事情已經發生來獲得後見之明。1989 年一項指標
性研究顯示，[34]事前的後見之明能增進我們為某個可能結果找
出原因的能力。當研究對象利用事前的後見之明時，能想出更
多原因——遠多於沒有預想結果的時候。這小小的技巧能讓後
見之明提供協助，而非扯我們後腿。

要怎麼做呢？以下是該研究的例子：

> 假設你嘗試預測籃球冠軍聯賽第一場的贏家，[35]在比
> 賽之前預測贏家會根據幾個一般性要素：比較兩隊主將條
> 件、隊伍優勢與弱勢等等……賽後則是另一回事。某隊
> 贏球的原因會同時考量這些一般性要素，以及其他特殊事
> 件，例如球員 A 之前有犯規的問題、球員 B 表現失常、球
> 隊之前贏球後訓練不足等等。

賽後則是另一回事。如果某結果很確定，我們會想出更具
體的原因來加以解釋——那就是事前驗屍法所運用的意向。它

重新塑造我們對於理由的想法,即使結果只是想像也無妨。事前驗屍法還影響我們的動機。「它的邏輯是,你有理有據地想出計畫為什麼可能出錯的原因,以示你夠聰明,而不是只想出好計畫來顯示你很聰明,」[36] 蓋瑞・克萊恩說。「從原本企圖避免任何事可能破壞和諧,到企圖讓潛在問題先浮出檯面,如此一來,整個動能都改變了。」

例如,與其思考如何讓塔吉特公司的擴張計畫奏效,我們應該事先想像加拿大塔吉特大敗虧輪。然後我們努力解釋失敗的原因——甚至在我們決定進軍加拿大之前就要先想好。

不過,就算思考的不是億萬美元擴張計畫,也可以使用事前驗屍法。聰明又認真的吉兒・布魯(Jill Bloom)是西雅圖某大型科技公司經理,[37] 她就把事前驗屍法用在自己的人生抉擇上。她在同一職位工作多年後,被拔擢到一個新角色。起初她很興奮:她的新老闆羅伯特看起來精力旺盛、充滿魅力,而且她有機會思考公司大局。但她很快便發現,羅伯特喜怒無常、而非精力旺盛。新職務也不如她所預期:她的確有機會負責策略性議題,但卻沒有資源能讓計畫付諸實行。更糟糕的是,工作團隊不斷遇到各種危機,不固定的工作時間讓她壓力倍增。

布魯在決定加入羅伯特的團隊之前,曾寫下調職的風險和利益。「可是我漏掉了幾個大風險,而且沒有深思那些我認為很重要的因素,」她告訴我們。「我沒有予以深究,來評估它們到底是不是真正的風險。」

　　布魯和另一位主管瑪麗閒談她調職後有多不快樂，瑪麗問她有沒有興趣加入自己的團隊。布魯調來為羅伯特工作不過幾個月的時間，她擔心再次變動會影響升遷。更複雜的是，當羅伯特聽聞她有意異動，便主動提出在組內調職的提議。

　　現在有兩個職位可選擇——羅伯特提供的新職位，以及調到瑪麗的團隊——布魯和她先生坐下來，對這兩項選擇分別進行了事前驗屍。「我們想像一年後**已經**出了問題，並試著查出原因，」布魯告訴我們。透過事前驗屍，她得到幾項具體的因素來考量這兩個職位，像是主管作風、團隊文化，以及她推動計畫的能力等等。

　　有了這份清單後，她盡力搜集所有資訊。「三十分鐘的面談時間不可能逐項探討二十個問題，事前驗屍法幫助我著重在幾個最重要的風險，因而能從容地提問切中要害的問題。」接著，她用事前驗屍法列出的因素做為比較兩個職位的標準。「根據這些風險為兩個工作評分，能幫助我找出對我最重要的事。換到新團隊也許在我的升職時程上不進反退，但當我比較每日工作性質，才發現瑪麗的團隊風險其實低很多。」

　　隨著決定的時間愈來愈近，兩位主管都給她不小的壓力。「感覺快喘不過氣來，」布魯告訴我們。「我需要外力協助我後退一步、剖析決策。」事前驗屍法及預設標準幫她做到了這一點。最後，她決定加入瑪麗的團隊，而新職位的確真的比較合適。

　　行為經濟學先驅、同時也是《快思慢想》（*Thinking, Fast and Slow*）的作者丹尼爾・康納曼（Daniel Kahneman）建議我們，在惡劣環境時，要利用工具來處理棘手的大決定。主觀機率區間估計值、預設標準和事前驗屍等做法並不會消弭錯誤，但照樣有中斷業務的參考性，而且還能促使我們有系統地分析我們的選項。

　　誠如康納曼所說：「決策者多半依賴自己的直覺，因為他們以為已把情況看得很清楚。質疑你自己的直覺是個特別的練習。」[38]可是，在惡劣環境中，質疑直覺正是我們需要的。看看塔吉特百貨就知道，他們憑著直覺在美國展店多年，主管以為用同樣的方法在加拿大也會成功，但他們從未獲得擴張海外的反饋，所以，當他們在加拿大簽下10億美元的租約時，根本就是胡搞瞎搞。

　　塔吉特公司高層不該一味相信自己的直覺，應該利用本章提到的幾個技巧。主觀機率區間估計值可以協助他們避免對銷售預測過度樂觀。他們可以像那對首次購屋夫婦一樣，用預設標準來評估重大決策，必能從中受惠；也可以如吉兒・布魯和她先生進行事前驗屍，以了解各種惡劣環境。我們在複雜系統中不知所措，但只要在決策上增加一點結構，就可以多增加一些成功的機會。

第 **六** 章

留意先兆

> 「是的，這讓我徹夜難眠。是的，這讓我激動難過。
> 這些是我的孩子。這些是每個人的孩子。」

日常用水毒害

2014年夏天，莉安・瓦特斯（LeeAnne Walters）發現她的孩子們每次泡澡或在後院泳池玩耍時，皮膚都會起紅疹。幾個禮拜後，孩子的頭髮開始大把大把掉落，三歲大的雙胞胎之一甚至停止生長。十一月，莉安家裡水龍頭的水變成醜陋的咖啡色。她買了好幾箱的瓶裝水來煮飯、飲用和刷牙。沒多久，全家開始減少淋浴的次數，莉安也開始加熱瓶裝水來給他最小的兩個孩子泡澡。**她家的水到底出了什麼問題？**[1]

幾個月來，她不斷向住家所在的密西根州弗林特市（Flint）主管機關抱怨，對方卻置若罔聞。在一場公開會議中，她將家裡水龍頭流出的髒水裝在瓶子裡帶到現場，市政府官員卻說她是騙子，這樣的水不可能來自家裡。之後，莉安將兒子的紅疹錄成影片給醫生看，小兒科醫生於是寫信給市政府、敦促派人去檢測她家的水。公共事業行政官員麥克·葛拉斯哥（Mike Glasgow）來到莉安家查看，發現水中帶有橘色，擔心是鏽蝕，於是帶回樣本檢查是否含鉛。

　　一個禮拜後，葛拉斯哥致電莉安告知結果。他的訊息很簡單：**不要讓任何人喝家裡的水**。鉛含量高得危險。

　　水中含鉛並沒有安全含量，但環境保護局規定鉛含量超過15個十億分率（ppb）就需要採取改正行動。雖然莉安家的水管是新的，也裝了濾水器，但鉛含量卻高達104 ppb。葛拉斯哥承認他從沒看過這麼高的含量，隔周他又做了幾項新測驗：此時鉛含量已經升高為397 ppb了。之後，某間獨立實驗室檢測了未經過濾的樣本，數值平均為2500 ppb，其中還有一次高達13500 ppb。

　　在莉安的孩子開始長紅疹的幾個月前，榮景不再的弗林特市向附近的底特律市買了四十多年的水之後，宣布停止，改而使用弗林特河的水。這麼做的原因只有一個：為了省錢。

　　市政府在2014年辦了一場儀式，市長按下一個黑色按鈕，就此關掉底特律的供水閥，展開弗林特市的淨水處理實驗。市政府和州政府官員用玻璃杯裝弗林特河的水乾杯。「供水無疑是一項重要服務，但多數人卻視為理所當然，」[2]市長說。「這是弗林特市歷史性的一刻，我們歸本溯源，以家鄉的河流做為飲水來源。」

典禮期間，市政府官員表示水質應該和以前一樣。[3]可是當居民開始抱怨後，他們又改變說法，宣稱味道**也許**不一樣，因為這是硬水。當抱怨排山倒海而來——水喝起來和聞起來都有臭味——官員嘗試一連串小規模的彌補做法，像是用消防水柱來沖洗弗林特市的老舊水管等等。

例行測試很快發現水裡消毒劑不足，以至於大腸桿菌這類細菌得以滋長，居民必須將水煮沸才能飲用。為此工人得在水裡再多加點氯——結果**太多了**。消毒劑含量超標，市政府只好通知用戶，還要州政府幫弗林特市府員工買瓶裝水。[4]當局為大腸桿菌的事情焦頭爛額，衛生部門官員又發現當地爆發俗稱退伍軍人症的非典型肺炎。[5]調查顯示該市水源是罪魁禍首。

通用汽車公司（General Motors）離莉安家五分鐘車程處有一座大型工廠，該公司也注意到這個問題。大約在莉安的孩子們開始起紅疹的同時，該車廠製造的引擎零件都被水鏽蝕。[6]起初，通用汽車的辦法是加裝濾水器，並購買一大車的水——工業界買瓶裝水的概念。確定沒有用以後，通用公司便將自來水服務改成鄰近城鎮的自來水公司。

莉安無法像通用汽車一樣改變自來水公司，對她孩子的傷害也已造成。她從麥克‧葛拉斯哥口中得知含鉛結果後，帶她的雙胞胎去看醫生，這才發現其中一人已經鉛中毒，幼兒體內的鉛含量即便是微量增加，也會降低智商、拉低終身所得，並造成永久的行為問題。

　　莉安家發現鉛以後，市政府官員企圖隱瞞問題。他們告訴莉安水中的鉛來自於她自家的水管，可是，莉安家的水管才在幾年以前全部更換成符合現代安全標準的塑膠水管。

　　讓通用汽車引擎生鏽的鏽蝕同樣也破壞了全弗林特市老舊的水管，讓市民的飲水含毒。莉安繼續抗議，市府官員終於更換了連接她家和主要水源的老舊水管，她家的含鉛量迅速降低。

　　儘管證據確鑿——水有味道、細菌超標、官員建議將水煮沸飲用、莉安家的鉛含量達天文數字，以及通用汽車廠零件生鏽——政府官員始終堅持弗林特市的水可安全飲用，否認有任何問題。

　　雖然官員表面上對於這些警訊置之不理，但私底下卻刻意**設計**抽樣過程，以降低偵測出的鉛含量。[7]請看以下由弗林特自來水公司寄給顧客的信：

飲用水鉛與銅抽樣說明

親愛的住戶：

感謝您協助監督您飲水中的鉛與銅含量。請依照以下步驟說明，讓我們正確抽樣、測量您飲水中的鉛與銅含量。樣本應該來自您一般會喝的水源，以及您接水的水龍頭。若有任何問題，請打自來水服務專線。

一、從廚房或浴室選出一個你平常會接水飲用的水龍頭。不要搜集洗衣槽或花園水龍頭的水，這些樣本無法供自來水公司檢測。

二、打開冷水水龍頭，讓水流至少五分鐘。裝樣本**之前**靜置六小時。如果冷熱水都使用單一水龍頭，則轉到冷水那一邊。取樣前不要再使用這個水龍頭。

三、等至少六個小時再取樣，但如果水龍頭有十二個小時以上都未開過，則不建議取樣。

四、將至少六小時前流過五分鐘的冷水水龍頭打開，把「第一批」冷水裝入樣本瓶至瓶口。

　　這封信並附上一個小瓶供住戶取樣，自來水公司之後會來收回、進行分析。

　　這樣的做法在美國很常見，自來水公司依環保法規要求，用這種方式來搜集含鉛風險高的家用飲水樣本，以了解那些含鉛的老舊水管是否有含量超標的危險。可是，寄給弗林特市民的信件內容不大一樣，隱藏一般人看不出來的騙術。請再看第二步驟！

　　居民在前一晚讓水龍頭開五分鐘，暫時沖掉了家裡水管中的鉛。有位專家形容，這種做法就像在檢查灰塵的前一晚先用吸塵器把房間吸乾淨一樣。[8]

　　而且，樣本瓶的瓶口非常窄，住戶在接水時無法讓水龍頭開到最大，這樣測量結果更加失準，因為水流很弱的時候，能沖刷出來的鉛比較少。更重要的是，自來水公司並未著重高風險家庭，他們測量的住家多半沒有任何鉛水管或鉛自來水管線。

　　光是這樣還不夠，密西根州政府官員還決定讓莉安家的鉛含量測量結果失效。因為她家使用濾水器，因此該測驗在技術上來說並未符合聯邦標準——禁止用濾過的水來**降低**測量出的鉛含量。州政府將莉安家的測量結果排除在外，便能將該市的整體測量值維持在門檻以下，而不引起聯邦的關切。[9]而且弗林特市也不需要告知居民水質有問題。

　　在此同時，水不僅讓莉安家的孩子中毒，也使得全市孩童受到毒害。莉安指出：

> 這不光是我家的問題，[10]從來就不是，以後也不會是。弗林特市其他家庭、其他孩子們該怎麼辦呢？你們怎能坐視不管、讓人們受到傷害，明知有問題卻袖手旁觀……？我四歲的孩子問我他們是不是會死，因為他們中毒了……我有一對雙胞胎，一個25公斤，另一個只有16公斤。他已經一年沒有長大了，而且還有貧血的問題……是的，這讓我徹夜難眠。是的，這讓我激動難過。這些是我的孩子。這些是每個人的孩子。

＊　　＊　　＊

當弗林特市開始使用弗林特河做為水源時，州政府官員決定不用化學劑來控制鏽蝕——儘管這是水系統的標準做法。這項決定讓該市**每天約省下60美元**。[11]我們沒寫錯，不是每位居民60美元——而是**每天**60美元，也就是說，可以為這套每年花500萬美元運作的系統一年省下約2萬美元。這還不到一位實驗室技師一年花費的一半。反之，研究人員預估，讓**一個孩子**鉛中毒的成本，若只考量薪資方面的直接經濟後果，是5萬美元。在弗林特市，有九千名孩童飲用受污染的水。密西根州撥了數億美元來處理該市長久以來的用水問題，如果需要更換整個自來水基礎建設，則還需要更多資金。[12]

複雜性和緊耦合讓弗林特市的危機更加惡化，隨著該市從原本行之有效的系統轉換成全新的用水來源，州政府遇到一連串難以預測的交互作用——細菌、殺菌使用的化學藥劑、腐蝕性化學物質和老舊的鉛水管。這樣的供水系統讓官員必須依賴不完美的間接指標。例如，弗林特官員並沒有完整的全市水管圖，導致他們測試的多數住家其實都沒有使用鉛水管。而且，鉛是無形的，測試結果得花好幾個禮拜才會出爐。還有緊耦合的問題：一旦鉛進入水中，就無法移除，孩童把鉛喝下肚所受到的傷害是不可逆的。

當我們處理複雜系統時，往往會以為一切正常，不理會相左的證據。負責監督弗林特供水系統改為自給自足的州政府官員在啟用典禮上表示：「當淨化過的河水開始被抽入系統，我們的計畫終於付諸實行。水的品質大家有目共睹。」[13]他說對了——水質的確有目共睹。但由於缺乏有系統性的方法來追蹤問題，密西根官員忽略了所有警訊。事實上，他們不僅是見樹不見林，甚至完全否認自己身處樹林裡。

查爾斯·佩羅說過，這種否認態度太常見。[14]「我們無法處理眼前世界的複雜性，所以建構一個符合預期的世界，並處理符合預期世界的資訊，找藉口來排除那些與之相抵觸的資訊。當我們畫地自限，意料外或不可能的相互作用就會被忽略。」

這正是弗林特市的情況。

消失的列車

離華盛頓特區中心不遠的一棟不起眼的建築裡，華府地鐵系統營運控制中心設在此處。操作人員圍坐在一個巨大螢幕前，上面顯示列車軌道和隧道口的地圖及數十個監視器影像。

工程師在1970年設計這套地鐵系統時，特別加入了自動追蹤列車的功能。為此，他們將整個追蹤系統分割成幾個小區塊。有些區塊只有40英尺，而有些長達1500英尺。每個區塊都有偵測列車的設備。

　　這是個很聰明的系統。[15]區塊一頭的發送器產生電子信號，另一頭的接收器等著接收信號。當區塊淨空時，鐵軌本身會將信號從發送器送到接收器。可是，當有列車進入該區塊，電路便改變。列車車輪將軌道連結起來，創造出一條路徑，讓信號能跳過接收器、直接送到地面。因此，當接收器沒收到信號，系統就會知道有列車在場、將路線標記為被占用。系統利用這項資訊來自動管理列車的速度、避免相撞。

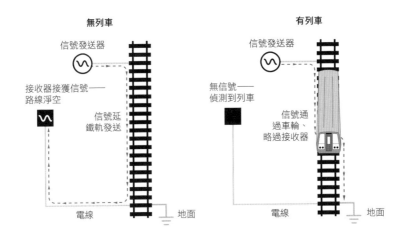

　　可是，這套系統已經老舊，捷運公司開始更換老舊零件，但即便如此，基本科技還是已經過時。[16]系統追蹤不到某一列車的位置；只能辨別某一段路線是否有列車行駛。

　　複雜情況終於在2005年沸騰，在忙碌的交通尖峰時刻，三輛列車在波多馬克河下只距離幾英尺差點相撞。在交通繁忙的路線上，自動系統因故失靈，全靠運氣及列車司機的反應，才未釀成災難。

一位工程師偶然聽聞這次的驚險事件，他檢視該路線區塊的數據，發現感應器未能偵測出有列車進入該路線。[17]於是他立刻派同事到現場，接下來的幾天，工程師努力檢修故障，工人就站在現場，以人工的方式確保路線淨空後、才讓下一班列車進入。

工程師找出這段900英尺長的區塊無法追蹤列車的原因，他們發現，列車偵測信號不知何故一直從發射器傳送到接收器，**即使區塊上有列車行駛也不例外**。他們懷疑某處短路，可是，在他們找到之前問題就消失了。

即使表面上問題似乎已經解決，工程師還是更換了所有電路零件。但他們需要確保同樣的問題不會在系統中的其他地方發生，所以他們想出一個測試流程：日後當維修人員修理路線偵測電路時，會把一根大型金屬棒放在軌道之間、來刺激列車車輪，確保區塊顯示為有列車經過。由於問題斷斷續續，工作人員需要測試三個地方的軌道：發送器附近、路線中間，以及接收器附近。

工程師還發展出一套電腦程式來尋找消失在螢幕上的列車，並且一周執行一次。等到確保每件事的運作都令人滿意後，他們便把這套工具交給維修團隊的同事，並建議他們每個月要在尖峰時刻使用一次。

　　捷運工程師海底撈針找到了一個小問題，和弗林特市府官員不同的是，他們立刻針對所看到的警訊採取行動。他們修復了問題，還進一步提出測試流程與監控系統的方法，以便再有問題就能立刻發現。**他們把問題搞懂了。**

　　可是，後來組織便忘了這個問題。再也沒有人使用這套測試流程，或是執行程式來尋找消失的列車。

　　時間快轉到2009年六月，執行更新計畫的工人更換了B2-304段的部分零件。工程並不順利，他們更換零件、調整發送器和接收器好幾次，該區塊的偵測電路仍然無法順利運作。工人留在現場，觀察軌道是否會偵測到工程完成後經過的第一班列車。[18] 他們正在排除障礙的時候，看到第二輛列車逕自接近，於是他們告訴操作中心問題依舊存在，然後就離開了。

　　操作中心開了一張工作單，打算修復問題軌道，但這張工作單一直滯留在系統中。接下來的五天，幾乎每一輛來到這段軌道的列車都會在感應器中消失，但沒有人注意到這一點。當列車經過失靈的那段軌道，系統偵測到它們，一切看起來都很正常。

　　事實是，捷運公司之所以沒注意到B2-304段的問題，也沒有使用測試流程或工程師發展出的程式，並非全然人為疏忽。在簡單的系統中，要隨時了解重要事情的進度很容易，但在複雜和緊耦合的系統則不然。在危險地帶裡，甚至連什麼事情才重要都看不清楚，我們沒有揮霍重要細節的奢侈。

2009年6月22日，傍晚尖峰時刻才開始，第二一四號列車行經那段有問題的軌道，並且和之前經過的所有列車一樣偵測不到。就和這五天當中一樣，當軌道電路偵測不到火車，列車便開始自動減速。[19] 可是和之前不一樣的是，第二一四號列車極其不幸，在進入該區塊之前，司機已經將列車速度降到低於正常，因為他喜歡控制列車精準地停妥在車站月台。當二一四列車開始減速，便缺乏足夠動力來淨空有問題的那段軌道。最後它停在那段軌道上，完全從系統中消失。

二一四列車後面緊跟著第一一二列車，也就是本書一開始提到的海軍退役軍官大衛・惠爾利夫婦等人坐上的那班車。自動列車控制系統認為一一二列車前方是淨空的，於是要它加

消失的列車

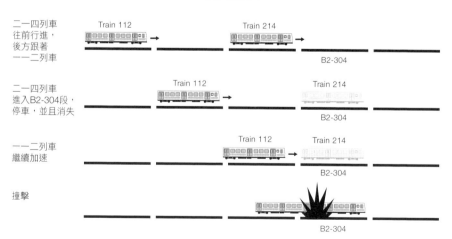

二一四列車
往前行進，
後方跟著
一一二列車

Train 112

Train 214

B2-304

二一四列車
進入B2-304段，
停車，並且消失

Train 112

Train 214

B2-304

一一二列車
繼續加速

Train 112

Train 214

B2-304

撞擊

B2-304

速。下午四點五十八分，一一二列車過彎後看到停靠在前方的列車，於是緊急煞車，但已經太遲。厚達13英尺的火車殘骸——座位、金屬桿和天花板——全部擠進車廂裡，將原來75英尺的第一節車廂硬是壓擠成12英尺。

一一二列車撞到了一台不該在那裡的幽靈列車。捷運系統太過複雜、甚至無法追蹤工程師已經知道如何修復的問題，因而造成九人喪生。

誤判下降最低高度

有一項產業會透過警報了解如何避免災難發生：那就是商用航空業。一九五〇年代末期剛進入噴射機時代，商用飛機的失事率為每一百萬次起飛有四十次死亡事故。經過十年後，已經改善到每一百萬次起飛、墜機次數少於兩次。近年來進步更多，——約**一千萬次**起飛中，發生兩次墜機。[20]平均每英里來看，開車的危險性是飛行的一百倍。[21]

飛行安全出現長足進步主要是因為留意小失誤、異常和千鈞一髮的情況——這些事情都是弗林特市府官員和華府捷運系統人員所忽略的。航空公司了解到如何從已經發生的事故中學習，也會從**可能**發生、但**沒有**發生的意外中學習。

機師之間流傳一個笑話，一隻鳥棲息在機鼻上，往機艙裡看，往往只能看到機師的頭頂。這是因為機師總是忙著同時處理飛行和機艙內的一堆瑣事。在航程忙碌的時段，他們總是低著頭看地圖、設定導航電腦，以及監控飛行設備。

在晴朗無雲的日子，機師從機艙裡能看見遠方數百英里處；但烏雲密布的時候，則什麼都看不見。他們靠著機艙裡的設備來飛行，並依賴地面上無限電信標發出、由無線電波組成的無形公路地圖來引航。[22] 飛機上有無線電接收器，讓機師接收這些信號。就像地面上的公路一樣（想想美國西岸的I-5公路、或倫敦外環的M-20公路），這些空中公路也有名稱。例如，從西雅圖飛到舊金山，機師必須循著J589再轉J143。飛機沿著這些路線接近目的地後，再依儀表進場的指示降落機場。每一次的儀表進場都是由儀表進場航圖上的一堆讀數來決定，那是一張印好的圖表，上面顯示緯度、逐步指示，以及機師該使用哪一個無線電信標等資訊。這些一張張的儀表進場航圖詳細說明，飛機該飛到哪一點就要準備著陸、對準跑道、低飛至離跑道幾百英尺處。

在這整個過程中，航管人員扮演重要角色。他們逐步引導飛機降落，確保飛機不會彼此相撞。他們告訴機師該如何飛抵機場、並降落在哪一個跑道。

儀表飛行座落在佩羅的危險地帶。低雲、霧霾和黑暗讓機師看不清機外的情況，只能依賴間接資訊來源：飛行指示、無線電導航信標、儀表進場航圖，以及與航管人員討論。而且整個系統耦合非常緊密。飛機一旦起飛，機師就不能像我們開車一樣隨時在路邊停車；他們必須持續飛到降落為止。失誤若未能及時發現，便很難彌補。

1974年12月1日早上，環球航空（Trans World Airlines）第五一四號班機從俄亥俄州哥倫布市起飛，載著92名乘客前往華盛頓國家機場。[23]當天天候極差：多雲又下雪，華府附近還有強風。坐在機艙內的是飛行經驗豐富的機長理查‧布洛克（Richard Brock）、副機長藍納德‧克瑞雪克（Lenard Kresheck），以及隨機工程師湯瑪斯‧沙弗朗內克（Thomas Safranek）。

飛行時間需要一個小時，但起飛後才幾分鐘，航管人員就告訴機組員華府當地的風太強勁，無法降落在國家機場。布洛克機長當下決定改降國家機場西邊30英里處、比較大的杜勒斯機場。於是班機繼續正常飛行，大約十五分鐘後，飛機位於杜勒斯西北方約10英里處的時候，另一位航管人員指示機組員以儀表進場飛到第十二跑道。

機師「簡報進場」：他們大聲唸出跑到十二的進場航圖，並依照詳細指示來設定飛機。[24]進場航圖上有標示緯度的鳥瞰圖、機場的位置，以及機師何時應該開始下降。它還標出離機場25英里、海拔1764英尺的韋瑟山的位置，以及飛機應該飛多高才能避開這座山。

這張進場航圖有一張如下的剖面圖：

進場航圖

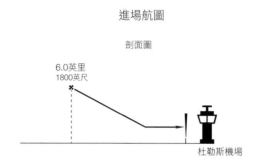

剖面圖

6.0英里
1800英尺

杜勒斯機場

　　剖面圖上唯一顯示的點是離機場6英里處、1800英尺的高度。這表示，飛機離杜勒斯機場6英里的時候，應該從1800英尺處開始下降，直到能看到機場和陸地為止。可是這張剖面圖漏掉了非常重要的一部分，它並沒有告訴機師離機場再遠一點的時候該飛多高。

　　當航管人員指示環球航空五一四班機進場時，飛機正位於地圖西北方一個叫做圓山的一點。隨著飛機在亂流中開始降下時，機師討論接下來的步驟。[25]

機長：1800（英尺）是最低高度。

副機長：開始下降。

工程師：我們離機場還很遠。我最好把暖氣關小。

副機師：我最討厭高度上上下下……沒多久就會頭痛……可以感覺到強風了。

機長：你知道，根據這個笨蛋航圖〔進場航圖鳥瞰圖〕，離圓山3400〔英尺〕是我們的最低高度。

隨機工程師問機長他在哪裡看到該資訊，機長回答：「你看，這裡。圓山。」

機長注意到的是，對從西邊來的飛機來說，鳥瞰圖顯示3400英尺的航線是最低高度。可是，他們並不在這條航線上，他們直接朝機場飛去，航管人員沒有告訴他們什麼時候可以下降，而剖面圖只顯示離機場6英里以內的情況，根本於事無補。

大家爭相開口：「這個，可是……當他准許你，表示你可以依照你的……初期進場……是的，你的初期進場高度。」

機長說對了：韋瑟山隱藏在雲海裡，1800英尺的高度低的危險，可是大家討論後，平息了他的擔心，他便不再想這件事了。飛機繼續下降。

「什麼都看不見，」工程師說。「而且氣流也不穩，」副機長回答。這時，五一四班機上的92個人只剩一分鐘可活。

*　　*　　*

當天感到困惑的不只布洛克機長和他的同事。才不過半小時之前，另一班也是從西北邊飛來的飛機也接獲同樣的儀表進場許可。另一班飛機也像五一四班機一樣，完全沒收到任何高度限制——例如，維持3400英尺的高度，直到越過韋瑟山為止。可是，另一班飛機的機長剛好問了航管人員一個簡單的跟進問題：飛過該點的最低高度是多少？航管人員明確告知，於是該班機順利降落。

可是，五一四班機的機組人員卻誤解了進場程序。他們的心智模式沒有符合現實。事故發生的幾年以來，研究人員已了解大腦是如何處理不明確的情況。當手邊資訊不足、無法解決某個問題時，我們會感到不協調，於是大腦立即設法彌補這個空缺，將不協調換成和諧。[26]換句話說，**它會編造事情。**

機組員該怎麼做，情況並不清楚。他們並未飛在正常的航道上。那張「笨蛋航圖」告訴他們不要下降，可是航管人員卻已許可進場。為處理這含糊不清的情況，他們自創了一個規則：「當他許可你進場，就表示你可以飛至初期進場高度。」

他們看不到自己正往山飛去，但他們的確透過雲層看到了地面。他們的近地雷達發出警笛聲，可是已經太遲；幾秒鐘後，飛機便撞上韋瑟山的花崗岩山壁。從剖面看，他們的最後航線如下：

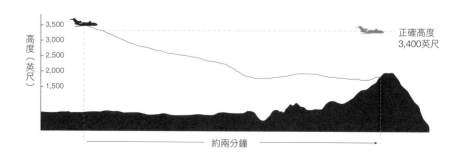

　　五一四班機墜機後，聯邦航空管理局（FAA）修改了儀表進場航圖。請看以下更改：

原剖面圖

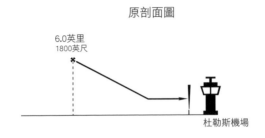

修改後的剖面圖

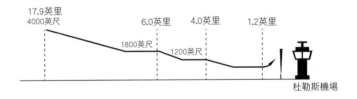

　　原本的航圖指示機師在離機場6英里的時候應該下降至1800英尺，在那之前就讓機師自行詮釋；修改後的剖面圖則詳細說明飛機在離機場17.9英里以外，都應維持4000英尺的高度，描述非常清楚。

　　機組員犯錯並非因為疏忽或能力不足，而是機師混淆了航管人員提供的資訊細節。當航管員准許五一四班機進場，機師以為若有必要、航管人員會提供高度限制。航管人員卻不認為有此必要。

美國國家運輸安全委員會（NTSB）聆聽了好幾個小時的證詞，了解在這次事故中機組員與航管人員的角色，推斷「機師太習慣接受航管人員的協助，若沒有航管人員的建議，他們根本不知道自己接獲的是哪一種服務。」[27]

當然，馬後砲人人會放，但的確有些人能在事故發生前先預想出問題。他們知道進場許可的混淆遲早會釀災——他們甚至知道杜勒斯附近的山群對機師來說有多危險。

1974年，聯合航空（United Airlines）展開內部安全意識計畫，要飛行員報告安全相關事件和建議。機組員可匿名提報，公司方面承諾絕不會用這些資訊來對付提報者——並且會致力阻止將他們的身分洩露給FAA。五一四班機墜機的兩個月前，聯航接獲一份可怕的報告，提報者是才剛在杜勒斯機場降落的機組員。

航管人員許可來自西北邊的聯航班機進場，和五一四航班一樣預定降落在第十二號跑道。聯航機長也像布洛克一樣錯讀進場航圖，而下降到1800英尺的高度。聯航機師犯了和環球航空機師**一模一樣的錯誤**，只不過他們比較幸運，驚險避過韋瑟山、正常降落。

不過，聯航機師還是覺得有問題，抵達機門後，他們重新檢查進場，才發現他們太早開始下降。這看起來是總公司想要獲得的那種資訊，於是他們提交報告。

聯合航空對此進行調查，並發送通知給旗下機師：[28]

航站區域廣泛使用雷達引導，致使機組員多有誤解。基於近日事件，提出以下提醒：

一、「許可進場」這幾個字一般是讓機師自由發揮。

二、在尚未確認其他最低高度之前，不要降至最終進場定位高度。

三、至外部定位點的最低進場高度應標於〔進場〕航圖。

四、機組員應該徹底熟悉進場航圖上和／或目的地的航站區域圖上的高度資訊。這也包括最低部分高度（MSA）資訊。

機組員：你只能靠自己。在還沒有全盤了解進場航圖上的各種高度之前，不要隨便下降。以上四項要點是在環球航空墜機事件發生的幾個禮拜前寄出，裡面也提到了布洛克機長所困惑的事情。只可惜聯合航空的安全意識計畫只是內部活動，該通知並未流出給FAA、環球航空、或其他人和航空的機師。要是有的話，就可以拯救92條人命了。

異常化

　　為預防複雜系統失靈，我們必須事先大海撈針。聯合航空的做法是安全意識計畫，它能繪製全局、顯示這些有問題的針隱藏在何處，可惜這項計畫影響不夠深遠——這份地圖並沒有交到所有需要的人手上。

　　五一四班機事故調查作證者建議，FAA應創造一個橫跨全航空業的系統，來搜集匿名安全報告，並提供免責權。六個月後，航空安全報告系統（ASRS）於焉誕生。

　　ASRS為隸屬於太空總署（NASA）的獨立單位，每個月搜集到來自機師、軍事人員、航管人員、技師和航空業相關人員數千份報告。對飛行員來說，除了能獲得免責權之外，提交ASRS報告是一件很光榮的事情，他們知道這些報告能讓飛行更安全。

　　這些報告儲存在一個任何人都能進入搜尋的資料庫裡，而且NASA會在他們的《回電》（*Callback*）月刊裡介紹最新安全趨勢。例如，最近一期的刊物描述某報告內容，機師在最後一刻接獲跑道改變通知，讓他們不得不急速降低高度，結果機師無法及時降到指定高度，於是提交報告。[29]為此，FAA更改了進場流程。

　　還有一期的《回電》描述自滿的種種危險：[30]包括小型飛機飛行員漏看了核對表上開關油箱的說明（最後燃料用盡，

只得降落在高速公路上），還有技師把工具忘在引擎裡、而毀掉了整個引擎等等。你應該猜得到，齊克‧佩羅熱愛ASRS。「對設計者來說，」他寫道，「它提供的資料庫能持續產生系統瑕疵方面的發現；對組織來說，它強調有人在努力的概念。」[31]

複雜系統的基本特性是，你無法只透過思考就找出所有問題。複雜性會引起非常奇怪且少見的交互作用，會出現什麼樣的錯誤鏈事先根本無法預料。在它們瓦解之前，複雜系統發出警訊透露這些交互作用，至於如何解開，系統本身會給我們暗示。

只不過我們往往未能注意到那些暗示。只要結果順利，我們就會以為系統運作良好——即使成功純粹來自運氣也一樣，這叫做結果偏誤。讓我們舉個例子，假設有個名為史蒂芬‧費雪的專案經理負責推出某科技公司的新平板電腦，產品上市的幾個月以前，負責該平板相機設備的工程師跳槽到別家公司，因此團隊進度落後。為節省時間，史蒂芬決定略過相機設計備案的評估流程。

我們進行了一項實驗，要80位商學院學生評估史蒂芬的表現，先讓他們閱讀史蒂芬的故事，並分別給予三種不同結果。[32]在**成功案例**中，平板大賣，沒出現任何問題。在**驚險案例**中，推案成功的原因純粹因為幸運：相機的設計造成平板過熱，但處理器剛好能夠透過更新來控制溫度，平板依舊大賣、業績亮麗。在**失敗案例**中，相機導致平板過熱——但這一次處理器無法更新，過熱成為大問題，平板銷售狀況不理想。

學生評估史蒂芬的表現（以及一群NASA工程師參與類似研究，評估一艘無人太空船）時，**事件的結果**決定他們的評估內容。平板大賣時，史蒂芬得到高分。即使他的成功純粹因為運氣，人們也認為他能力強、聰明、值得重用。只有在平板上市失敗時，人們才質疑他的決定。只要計畫不慘敗，人們不會在乎史蒂芬是不是光憑運氣。好運氣和好表現沒有差別。

還記得騎士資本公司5億美元的交易損失嗎？它肇因於一個簡單的錯誤：一位資訊科技員工忘了把新電腦編碼複製到公司所有的八台伺服器上。在過去的某一刻，一定也有員工犯過同樣類型的錯誤，只不過他們運氣好，在任何壞事爆發之前，就把問題修復了。他們以為系統運作順利；畢竟，他們成功避免了災難的發生。可是，事實上，每次推出新軟體都像擲骰子一樣。

我們日常生活也是如此。在馬桶滿出來以前，我們認為馬桶偶爾堵住只不過是小小的不方便，而非警告。或者我們無視於車子的小小警訊（像是換檔不順或輪胎慢慢在漏氣），而不會進修車廠檢查。

要管理複雜性，就得從系統透露給我們的資訊中學習，像是小錯誤、驚險情況或其他警訊等等。我們在本章看到了三家公司各以不同的方式掙扎於此一問題。弗林特市府官員無視於

一連串警訊，堅稱飲水安全無虞，他們甚至不承認有問題。華
府捷運工程師表現較好，至少他們知道問題出在哪裡，也創造
了測試流程和監督程式來加以留意，只不過這些安全預防措施
遺失在日常營運的困境當中。雖然已經有解決辦法，卻未能付
諸實行。最後，聯合航空公司做了更多努力，他們知悉問題，
還警告了公司裡的每一位飛行員，只是警告並未傳到聯合航空
公司之外——沒能讓環球航空公司機師知道，也包括五一四班
機的機師。

　　每一段故事都讓我們離有效的解決方案更近。其實已經有
部分公司思考出如何從小錯與險兆中學習。研究人員將這種學
習過程稱為**異常化**（anomalizing），過程如下：[33]

　　第一步是搜集資料[34]——搜集脫險報告並測量出錯的事
物。例如，航空公司需要搜集的不僅包括差點失誤的報告，還

有直接來自班機的數據。

　　其次，問題需要修復——脫險報告不該滯留在意見箱裡惹塵埃。例如，伊利諾州一家醫院裡，護士差點混淆了同一間病房兩名病患的用藥。[35] 兩位病患姓氏很像，醫生開給他們的藥品名稱也類似—— Cytotec（喜克潰）和 Cytoxan（環磷醯胺）。她及時發現錯誤，並提交脫險報告。院方的因應方式是將兩名病患分開，讓**下一位**護士不會再犯同樣錯誤。

　　第三步是深入了解、處理根本原因。某社區醫院的品質經理注意到某個單位重複發生給藥錯誤。團隊沒有將這些錯誤視為一連串獨立的事件，而是深入鑽研，了解根本問題。結果他們發現，護士站在走廊準備藥物時，不斷被其他事情打斷。為此，主管設立一個不受打擾的專門準備藥物的房間。[36]

　　我們了解問題後，就需要知道驚險狀況不是什麼祕密，應該要分享出去——可以流傳至全公司，或者像《回電》刊物一樣，與整個產業分享。分享失誤的做法，等於清楚昭告業界，犯錯是系統中正常的一部分，而且能幫助我們為將來可能遇到的問題做好準備。[37]

　　最後一個步驟，我們需要確保回應警訊的做法能實際奏效。例如，有些班機會多指派一位機師上機，在駕駛艙內觀察執勤的機組員，留意是否有漏掉檢查項目或弄亂流程等情事。這項做法讓航空公司得以查核他們自己的解決方案。有些事情會在混亂中錯失，就像捷運的例子；有時候，應該要使用某個解決方案的人甚至不知道有其存在。查核還能協助確保對策不會比災難糟糕,像是修復做法讓情況更加複雜,或者額外監督造成太多偽陽性反應等等。

組織文化是一切的核心。就像曾擔任航空公司機長的事故調查員班・伯曼告訴我們:「如果你把傳令兵打死,就沒有人告訴你系統中發生了什麼錯誤和狀況。」[38]透過公開分享失敗和幾乎失敗的故事——不責備也不報復——我們能創造一個將錯誤視為學習契機的文化,而不是告密的動機。「安全組織的標準並不是表現優良的員工獲得執行長的感謝信,」[39]負責調查帕布羅・加西亞服藥過量的UCSF醫生鮑伯・沃希特寫道。而是有人提出問題、求證後是錯的,但也獲得執行長的感謝信。

你讀到這裡可能會想,嗯,這對航空公司和醫院來說很有幫助。但如果我所在的公司裡,錯誤和操作事件沒什麼緊密關聯呢?[40]那又要追蹤什麼呢?如果是與安全無關的問題,是你不想讓競爭者知道的問題呢?

答案來自丹麥組織研究員克勞斯・雷魯波(Claus Rerup)。[41]雷魯波使用的數據來自於一大堆有趣的場合——包括搖滾演唱會、渡輪意外,以及大型跨國企業——研究組織如何留意微弱的失靈信號,藉以預防災難發生。

多年來,雷魯波深入研究國際製藥大廠諾和諾德公司(Novo Nordisk),[42]該公司是全世界最大的胰島素製造商。雷魯波發現，在一九九〇年代早期，諾和諾德公司員工很難引起公司注意，就算是嚴重威脅也不例外。「你得說服上司、他的上司，以及他上司的上司有問題存在，」某資深副總裁說。「然後，他得說服他的上司，改變行事方法是明智的選擇。」可是，這就像小時候玩的傳話遊戲一樣──愈傳意思愈扭曲──問題隨著層層上報而簡化。該名主管告訴雷魯波：「原始報告裡的內容……以及專家眼中的警訊很可能在資深主管讀到的版本中被刪除。」

當時，諾和諾德公司的製造部員工知道，公司很可能無法通過FDA愈趨嚴格的標準，可是資深主管完全不知危機就要到來。1993年，該公司請來一群退休的FDA檢查員來進行模擬測試，這才發現問題有一大堆，看起來，諾和諾德公司可能會喪失在美國賣胰島素的執照。該公司銷毀了六個月的供給，並請主要競爭對手禮來公司（Eli Lilly）接手他們在美國的客戶。最後，諾和諾德公司未能符合FDA標準，不但損失了一億多美元，形象也大受影響。

面對這次慘敗，諾和諾德並未責怪任何人，也不只是叮嚀主管更小心，而是進行了整個組織的改革，提高留意問題的能力，並從警訊中學習。

為找出潛在問題，諾和諾德公司新創了一個由二十多人組成的部門，負責注意來自公司外部的挑戰，工作內容包括與非營利、環保團體和政府官員保持對話，以了解重大議題，像是基因改造或法規改變等主管可能忽略或沒時間思考的議題。找出議題後，該部門會召集不同部門與不同階層的人員組成臨時小組，以深入了解其對於公司業績的影響，以及該如何預防問題發生。這麼做的目的是，確保公司不會忽略問題在醞釀中所發出的微弱信號。

諾和諾德也在公司**內部**進行稽核以尋找問題。公司增設引導員的職位，以確保重要議題不會被壓在階級底層（像以前的胰島素製造危機一樣）。這些引導員——由二十幾位公司裡最令人尊敬的主管擔任——每幾年至少會巡迴每個單位一次。[43] 由兩位引導員面試每一單位裡四成的員工，找出值得留意的議題。就像其中一位引導員所說的，我們「討論一般不會討論的議題，百無禁忌。」

然後，引導員會分析他們搜集到的資訊，並評估是否有單位主管沒注意到的問題。「我們巡迴所有單位，找到一大堆小問題，」有位引導員解釋道。「我們不知道如果放任它們不管，是否會發展成大問題。但我們不想冒險，我們會追蹤小問題。」

當引導員強調某個問題，部門主管就會留心注意，於是擔心的事情就不會被層層稀釋。他們做的不僅是喚起意識，還會整理出行動表單，讓主管去執行。每一項行動都分配給一個人負責，持續追蹤到問題確實修復為止——最近的資料顯示，有百分之九十五的修正行動及時完成。[44]

　　諾和諾德公司的計畫也許看起來是個壯舉，但這是一家大企業，計畫只花了公司年營收的百分之一。這些原則也可應用在小範圍──甚至是大公司裡的團隊或部門都可以。事實上，雷魯波和同事還研究家族企業如何只靠一人來執行這種做法：藉助值得信任的顧問。[45]這些顧問留在幕後，協助公司負責人留意來自競爭者、科技破壞和法規改變的威脅。他們甚至會預想家族紛爭，而提醒老闆在做出重大決策之前，先和兄弟姊妹進行討論。這些顧問和諾和諾德公司裡的專責團隊一樣，在公司上下搜尋可能出現的問題、找出警訊，並引起決策者的注意。

　　處於危險地帶的系統非常複雜，很難準確預測未來會出什麼差錯。可是一定**會有**警訊──不祥之兆。我們需要留心注意。

第 **七** 章

剖析異議

「你得低著頭、做好自己的工作，否則兩者都不保。」

門診致死率疑雲

1846年秋天，一位懷有身孕的年輕女子來到維也納偌大的綜合醫院前，用力敲著宏偉的橡木門。[1] 兩位護士現身，扶著她走上長長的樓梯。樓上坐在小桌前的醫學系學生把她安排到該院的第一婦產科門診。

那位女子當下聽聞第一門診接生的是醫生，而不是助產士，嚇了一跳。她請求那名學生把她安排到由助產士接生的第二門診。她屈膝下跪、雙手緊握地拜託他，但他不為所動。規定就是規定。病人依據當天是星期幾而被安排到兩個門診之一，而班表指出她得到第一門診去生產。

隔天，她在第一門診的一個小房間裡產下一名男嬰。三天後，她死了。

她的故事很典型。很多來看診的懷孕婦女都聽說過第一門診的事情，拚命想要避開。而很多在那裡生產的婦女生產後沒幾天就死亡，症狀都是一樣：高燒、發冷，以及起初輕微、後來劇烈難耐的腹痛。嬰兒往往也跟著死亡，死因是產褥熱，這在當時是個可怕的疾病。

　　年輕女子彌留之際，一名牧師及其助理來到門診為她進行最後儀式。兩人經過病房時，助理搖著小鈴宣告牧師到來，這鈴聲再熟悉不過，牧師幾乎每天都會來進行宗教救贖儀式，有時一天還超過一次。

　　牧師和助理朝年輕女子死亡的病房走去，和一位年輕醫生擦身而過，那是個身材結實，有著灰藍眼睛、寬闊肩膀和細軟金髮的男子。他是伊格納克‧桑梅維斯（Ignac Semmelweis），來自匈牙利的二十八歲醫學院畢業生，最近才升任該門診的住院總醫師。

　　桑梅維斯幾乎每天都會聽到這個不祥的喪鐘，但他還是嚇了一跳。「當我聽到鈴聲急促地經過我的房門，心中都會閃過一個想法，又有被害者被不知名的力量奪走生命，」[2]他後來寫道。「對我來說，這鈴聲是痛苦的訓誡，催促我趕緊找到那不明的原因。」

　　這些婦女的確切死因的確不明。桑梅維斯的同事，包括他那跋扈的頂頭上司約翰‧克萊教授（Johann Klein）都認為，產褥熱是城裡的有毒空氣造成。但桑梅維斯不這麼認為。請看兩間門診的比較圖：

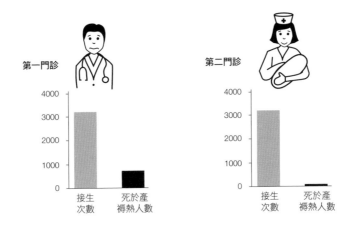

除非這些有毒空氣只逗留在第一門診，否則該理論無法解釋此處的產褥熱病例為何特別多。在第二門診，平均一年有60名婦女死於產褥熱。而第一門診則有**600到800名**母親死亡。

這是個非常驚人的差異，因為兩間門診接生人數差不多，而且病房幾乎長得一模一樣，除了一件事：第一門診是由醫生和醫學院學生接生，而第二門診則由助產士及其門徒接生。

而且這種病並沒有在醫院外流行，也很少發生於在自家生產，無論是由私人醫生或助產士接生都一樣。就連在路邊生產的婦女得到這種病的人數也遠遠少於在第一門診生產的婦女。**在街上生產都要比在醫院生產安全**。顯然地，第一門診有蹊蹺——而且只有第一門診。

醫生和助產士接生有個不同的地方，那就是醫生讓產婦仰躺，而助產士讓產婦側躺。為測試這是否有影響，桑梅維斯讓第一門診的產婦側躺生產。可是沒有差別。他還改變了給藥的方式，並改善第一門診病房的通風，結果也無濟於事。

事情毫無進展，讓桑梅維斯非常沮喪，於是他在1847年春天休短假到威尼斯。他希望當地的美景能讓自己頭腦清醒。可是，當他回到醫院時，卻接獲晴天霹靂的消息，他相當欣賞的同事，法醫病理學家傑卡布‧寇雷區卡（Jakob Kolletschka）去世了。有個學生在寇雷區卡身邊一起解剖屍體時，不小心用解剖刀割傷了寇雷區卡的手指。幾天內，寇雷區卡就病倒、死亡了。

桑梅維斯看到驗屍報告非常震驚。寇雷區卡的死因竟非常詭異地和他一再在第一門診看到的疾病類似。

這是個重要線索。桑梅維斯懷疑寇雷區卡的死亡，是因為有肉眼看不見的小型傳染性顆粒——現今稱為細菌——在他手指受傷時，進入了他的身體。如果他的病和產褥熱確實一樣，那麼，同樣的顆粒一定也是殺害第一門診諸多婦女的兇手。有了這項發現，就知道該從何處下手解決了。第二門診的助產士不會去解剖，但第一門診的醫生和醫學院學生常常**直接**從解剖室過來，因此把無形的致命物傳染給門診裡的產婦。

現在我們知道產褥熱是由各種細菌造成，但在桑梅維斯的時代，疾病的細菌理論要等到幾十年後才會被接受，醫生解剖屍體後，並不覺得有必要更衣洗手，可能只是快速地用肥皂和水沖一下手，但不會徹底搓揉。事實上，當他們從解剖室過來的時候，手上常常散發著桑梅維斯所說的「死屍味」。[3]

桑梅維斯並不知道細菌的存在，但他推斷，只要去除這個氣味，就能清除那個致命物。他在第一門診入口處放了一大碗氯溶液，並規定醫護人員進入前要用它來洗手。

成效非常驚人。幾個禮拜內，該門診死亡率便驟降。介入處理一年後，因產褥熱而死亡的比率降到只剩百分之一。在這個曾經每天都有人病死的地方，居然會有好幾個月都沒有任何人因產褥熱死亡。

此時，桑梅維斯已經確知自己是對的。他還知道他的發現有個可怕的含義。「我解剖的次數非常多，」[4]他寫道。「我得在此坦承，天知道有多少病人因為我的過錯而提早進墳墓。」

桑梅維斯自己接受這痛苦的事實是一回事，但要說服醫療主管機關相信他的理論又是另一回事。畢竟，他的發現意味著，幾十年來，不僅是維也納、其實也包括整個歐洲的醫生親手殺死無數婦女和嬰兒。他得說服他同事他們錯了，而且他們錯誤的觀念讓無辜的人枉死。

這是個艱鉅的挑戰，但桑梅維斯勇敢開口。「隱藏無濟於事，」[5]他寫道，「這不幸的事情不該持續下去，世人必須知道真相。」

可是，他要如何說服一群瞧不起年輕醫生、自滿自得的保守人士呢？他要如何說服像克萊教授這樣領導婦產科達二十五年的人，承認自己在如此重要的事情上錯得離譜呢？

獨立的痛苦

要當個異議份子並不容易，我們往往會覺得必須認同團體中其他人的想法。神經科學研究顯示，這種順從的慾望不光是因為同儕壓力，它還深植於我們的大腦中。

科學家使用功能性磁振造影（fMRI），來觀察我們在團隊中持有異議時大腦的反應。[6]結果發現，當我們特立獨行時，會發生兩件事情。第一，大腦中負責偵錯的區域變得非常活躍。神經系統發現錯誤後、啟動錯誤訊息，就像是大腦在說：**嘿，你做錯事情了！你需要改變！**同時，大腦中預期獎勵的部分活動減緩，等於在說：**別指望你會獲得獎勵！這沒有用的！**

「我們證實，與團體意見不合會被大腦視為懲罰，」[7]該研究的主要作者法斯利·克魯查瑞夫（Vasily Klucharev）指出。這項錯誤訊息再加上削弱的獎勵信號，致使大腦命令你要修改看法、以符合共識。有趣的是，即使我們不認為團體會祭出懲罰，這些現象還是會發生。如克魯查瑞夫所說：「人們自己形成看法、聽到團體意見，然後迅速改變看法以符合團體意見，這是一個自動進行的流程。」[8]

針對這一點，埃默里大學（Emory University）神經科學家葛瑞格·伯恩（Greg Berns）進行了一項非常吸引人的研究。[9]他們給參與者看兩個角度不同的3D物品，並指認兩者是同一個東西，還是不同的東西。參與者個別被分配到由五個人組成的小組中，只不過其他四人都是研究人員事先安排好的演員。有時演員答對，有時候則一起答錯。參與者作答時，研究人員便用大腦掃描器觀察當下的情況。

人們順應錯誤答案的時候占百分之四十，這並不太令人意外——許多實驗都顯示人們願意順從。有趣的是大腦掃描的結果。當人們認同同儕錯誤的答案時，大腦中和意識決策相關的區域沒什麼變化。反之，專司視覺和空間感知的區域則活躍起來。人們並非故意說謊來融入團體，而是多數人的意見似乎**真的改變了他們的看法**。如果其他人都說兩樣物品不是同一個，即使是錯的，但參與者可能就會開始注意到它們的不同之處。我們的順從傾向能夠改變我們所看到的。

當人們提出與團體相左的意見時，腦中負責處理情緒激動事件的區域反應激烈。這是堅持己見的情緒代價；研究人員稱之為「獨立的痛苦」。[10]

當我們改變己見以順從群體，我們並不是在欺騙，甚至可能沒有意識到自己做了妥協。所發生的事更深層，而且無意識、也未經過盤算：大腦讓我們不受孤立的痛苦。

這些結果令人緊張，因為異議是今日組織的重要資產。在複雜、耦合緊密的系統中，人們很容易忽略重要威脅，即便是看起來微不足道的錯誤也可能造成慘重後果。所以，注意到問題時勇敢說出會有很大的幫助。

可是，標新立異似乎不是我們的天性。「大腦巧妙地根據別人的想法來調整，讓我們的判斷與團隊意見一致，」[11]伯恩教授說。「從人類進化來看，順從的原因之一，是因為與團體唱反調不利生存。」

保守勢力不願相信異議

在德國漢諾瓦（Hanover）市郊的火車站，一名年約五十歲、氣質優雅的男子從群眾中走出來，站上軌道，迎向進站的火車，當場被撞死。這名男子是古斯塔夫·阿道夫·麥凱斯（Gustav Adolf Michaelis），協助創立科學助產術的知名德國醫生。

當桑梅維斯的理論傳到歐洲各國時，麥凱斯是少數率先接受的醫生之一。他一聽聞維也納醫院的發現，便在他自己服務的德國基爾醫院提出用氯溶液消毒的規定。這項措施很有效。不過，隨著死亡率不斷驟降，麥凱斯卻非常焦慮。他看到桑梅維斯論文中的證據，認為自己罪孽深重。他了解到過去有許多產婦死在他的手上，而驚恐萬分。就在醫院全面使用氯溶液洗手的幾個禮拜前，他才幫他摯愛的姪女接生，姪女也死於產褥熱。他再也承受不了。

其他多數醫生並未了解到自己的過錯，有些人繼續相信產褥熱的流行是空氣作祟，而本身的研究結果與這項理論相左的醫生則將之視為人身攻擊。很多人覺得醫生的手會傳染疾病是荒誕可笑的說法。也有人乾脆不理會這項發現，覺得沒有改變做法的必要性。

桑梅維斯的上司克萊教授則對他恨得牙癢癢的。「從一開始，他就對於年輕醫生在醫學院的影響力日益升高非常反感，」[12]醫學歷史學家薛爾文‧紐蘭德（Sherwin Nuland）寫道。「他也是凡人，難以面對有愈來愈多證據顯示桑梅維斯的發現很重要，而且能拯救人命，他拒絕改變自己過時的看法，因而被蒙蔽。」[13]

當桑梅維斯兩年的總醫生任期結束時，他申請延長，克萊一口回絕。桑梅維斯向院長辦公室申訴，但保守派都站在同一陣線。有位資深教授表示拔除桑梅維斯很重要，因為他與克萊之間的緊張氣氛對醫院造成傷害。讓桑梅維斯留下太麻煩了。於是，桑梅維斯被解職，由克萊的嫡傳弟子接任。

於是，桑梅維斯申請教職、以便繼續使用醫院設備，這也包括解剖室。但他申請被拒。他再提出申請，這一次成功了，只不過距離他第一次申請已經相隔了十八個月的時間。但到了最後一刻，任用條件又改變，他的期待落空，院方不准他用大體教學。合約上明載，他只能用木製解剖模型來上課。

這是壓垮駱駝的最後一根稻草。儘管保守派的勢力逐漸消退，也有不少前途看好的年輕醫生支持桑梅維斯，但他還是無法在毫無限制下獲得教職。他厭倦了克萊一幫人的仇視，對於他的理論飽受批評也感到氣餒。他認為自己是先驅；別人卻視他如糞土。

桑梅維斯在接獲新聘用合約的五天後匆匆離開維也納。他沒有告訴任何人他的去處，就連最親近的同事也不知道。

餅乾權力實驗

就像桑梅維斯學到的，說出己見只是等式的一邊，要是沒有人聽，不一樣的意見也無法做出貢獻。而聽進不一樣的意見也可能像說出己見一樣困難。

事實是，被挑戰——你的意見被拒絕或被質疑——的影響不只是心理層面。研究顯示，它對身體有實質的衝擊，[14] 你的心跳加快、血壓升高。你的血管變窄，情況就像面對眼前打鬥做好受傷止血的準備一樣。你的皮膚變得蒼白，壓力程度也飆高。這種反應和你走進叢林、突然看到一隻老虎是一樣的。

這種原始的打鬥或逃跑反應讓你更難好好聆聽。而且，根據威斯康辛州立大學麥迪遜分校進行的一項實驗，[15] 要是我們是當權者，像克萊教授一樣，情況還會更糟糕。

在這項研究中，三位陌生人得圍坐在實驗室桌前討論一長串議題，像是校園禁酒或強制畢業考等等，很快就會感到厭倦。還好，三十分鐘後，研究助理端著一盤巧克力餅乾走進來，可以暫時大快朵頤。參與者不知道的是，那盤巧克力餅乾也是實驗的一部分，而且是最重要的部分。

半小時以前，三人準備進行討論時，研究人員隨機從三人當中選了一人，並告訴大家此人將擔任評估者。這個角色沒有實質權力，只是要根據另兩人的討論內容來給「實驗分數」，而這些分數也沒有任何實質意義，它們不會影響參與者所獲得的報酬或未來再受邀成為實驗對象的機會。研究結果是匿名，實驗室以外的人不會知道任何人得到多少分。

這是一種稍縱即逝、無足輕重的權力感。評估員知道他們被選上只是全憑運氣，並不是因為他們有什麼技巧或經驗。他們知道自己的評分沒有實質力量。

可是，當巧克力餅乾送來時，三個人的行為非常不一樣。餅乾的數量並不夠每一個人都吃到第二塊，評估員要比其他兩人更常拿第二塊。只要嚐到一點當上司的滋味，就會讓人覺得自己有權獲得珍貴的資源。

「每個人都拿了一塊餅乾，」[16] 其中一位研究人員達薛・凱爾特納（Dacher Keltner）表示。但誰拿了第二塊餅乾呢？「是我們選中的評分員伸手拿了餅乾，並說『那是我的。』」

研究人員之後觀看實驗影帶，讓他們吃驚的不只是評估員吃了多少餅乾，還有他們是**如何**吃的。他們表現出「大吃特吃」的樣子，[17] 吃相像動物一樣。他們比其他參與者更常張嘴咀嚼、掉出更多餅乾渣在臉上和桌上。

餅乾研究是個簡單的實驗，但卻有重大含義。它顯示即使只有一絲一毫的權力感——負責明顯無關緊要的事情——都會使人腐敗。還有很多其他實驗都得到相同的結果。研究顯示，當人們當權、甚或只是有權力的感覺，都會更常誤解和不理睬別人的意見，更常打斷別人、在討論中插嘴，也比較不願意接受建議——即使是專家的建議也一樣。

事實上，擁有權力有點像大腦受傷。就像凱爾特納所說，「當權者的行為有點像大腦中的眼眶額葉皮質受傷的人，」[18]這種傷害會造成麻木不仁和過度衝動的行為。

我們當權時不顧別人的立場，這是個危險的傾向，因為權力大不一定等於見解高明。複雜系統還會透露失敗的預兆，但這些警訊並不懂階級之分，它們往往只在基層人員面前現身，傳達不到那些角落辦公室的高層。

然而，由於人們不指望上司會聆聽，所以乾脆不開口，[19]尤其是遇到像克萊教授那樣的專制上司。可是，讓異議噤聲的不一定得是獨裁者，開明善意的主管也可能會讓員工保持沈默。這是這方面的專家，吉姆‧戴特爾特（Jim Detert）的結論。[20]

「不管你有沒有意識到，你都很可能透過微妙的暗示來召告你的權力，」[21]戴特爾特與同事伊森‧布瑞斯（Ethan Burris）寫道。「當有人鼓起勇氣走進你辦公室時，你是不是往後靠在椅背上、雙手安然放在後腦勺呢？你也許想要讓氣氛輕鬆點，但其實你是在展現主導地位。」

戴特爾特與同事研究企業如何讓員工抒發己見，發現所謂的「最佳做法」根本就不是那麼一回事。無論是管理連鎖餐廳、醫院或金融機構，多數領導人被問及他們如何讓員工勇敢發言時，反應都一樣，他們會說：「我有開放政策。」但戴特爾特等人與他們的員工交談後，發現開放政策效果不大。[22]和上司展開對話、說出問題的重擔最終還是落在下屬身上，而且那是個很嚇人的障礙。提出開放政策的上司坐在辦公室裡，橫阻在前的是一扇又一扇緊閉的大門，以及一個又一個難以通過的助理。

有些領導者會主動詢問意見，不過這種做法往往徹底失敗。有個常見的做法是搜集匿名意見。組織內處處可見匿名意見調查表、建議信箱，以及不顯示來電號碼的意見熱線，他們的理由是貫徹匿名能幫助人們開口、並保證有坦率的回應。然而，強調匿名反而凸顯直言不諱的危險。戴特爾特和布瑞斯就說，「其言下之意是『在公司裡公開分享看法不安全。』」[23]

如何創造勇於發言的環境？

發現產婦死因近二十年之後，四十八歲的桑梅維斯禿頭、臃腫，不再意氣風發，他被關在維也納的公營精神病院裡。他想要離開，但被警衛擋下，其中一人跑過來、一拳搗在他肚子上。另一人把他打倒在地上。警衛們對躺在地上的他拳打腳踢，還踩在他身上。他被制伏後，被關進陰暗的病房裡。兩個禮拜後，傷重不治。他的遺體被送到鄰近的綜合醫院，就在他當年常常使用的桌子上被解剖。

　　桑梅維斯於1850年離開維也納後，跑到匈牙利生活。儘管他在當地醫院以其洗手計畫再創顯著結果，但多數產科醫生持續抵制他的理論。他之前在維也納突然不告而別，讓最親近的支持者很不諒解，對其處境愈加不利。他愈來愈常斥責批評他的人，這更是讓情況雪上加霜。[24] 1860年，他出書說明自己的理論，並嚴詞駁斥誹謗者。這本書飽受批評，他又寫了一連串憤怒的公開信給批評者：「你的學說，」他寫給某位教授，「是建立在那些被無知殺死的婦女屍體上。」[25]這些酸言酸語透露出他神經已經不大正常。到了1865年，桑梅維斯的行為變得更加反覆無常，他的親友認為只有一個辦法：把他送到精神病院。

　　醫學界一直到好幾年後才接受桑梅維爾的想法，微生物學的發展終於證實細菌理論——微生物會致病。在此之前，洗手的規定並未普及，依舊持續有產婦和嬰兒死於產褥熱。

　　我們不由得思考，要是在今日，情況會多麼不同——我們應該不會忽略那麼明顯的事情。畢竟，我們是相信科學的現代人。可是，和桑梅維斯同時代的人也都這麼想，他們是任職於全球最棒的醫院和大學的聰明人士，他們相信科學，他們只是認為桑梅維斯的想法偏離重點。無論他提出多少證據，都無法讓他們相信他的獨到看法。

　　今日的系統無比複雜，我們很可能會漏失像桑梅維斯所發現的那麼顯而易見的危險。幾十年後，人們回頭看我們，可能也會像我們看克萊教授那幫人一樣，心想：**他們怎麼會如此盲目？**

組織內一定會有人知道某些潛藏的危機，或者懷疑哪裡不對勁。到處都有像桑梅維斯這樣的人——我們的部屬或同事。我們該如何讓他們勇於發言呢？

第一課：禮儀學校

六十幾歲、身材高大強壯的羅伯特來到多倫多市區的牙醫診所接受定期檢查。[26]羅伯特一向喜歡約早上八點，而且從不遲到。他總是一身硬朗、精神奕奕地走進候診室，並向任職已久的櫃檯小姐唐娜打招呼。

可是那天早上唐娜看到他，感覺不大對勁。他滿臉紅光、汗如雨下。她要他坐下，問他還好嗎？「嗯！我還好，」他告訴她。「我只是沒睡好。我消化不良，背部也有點痛。」他自行上網查他的症狀，但他不想去煩他的醫生。

聽起來的確沒什麼大問題，可是唐娜就是覺得哪裡怪怪的。雖然牙醫師理查・斯皮爾斯正在看其他病人，她還是走進診間。「理查，羅伯特來了，我覺得他有點不對勁，你能不能出來看他一下？」

「我現在很忙，」斯皮爾斯回答。

「我真的覺得你應該看看他，」唐娜堅持。「情況不大對勁。」

「但我正在看診，」斯皮爾斯說。

「理查，我**希望**你出來看看他。」

斯皮爾斯不再堅持。他一向訓練他的員工——牙醫助理、口腔衛生師、甚至櫃檯小姐——覺得事有蹊蹺時要大膽說出口。他認為他們也許會留意到他忽略的事情。

他脫下手套、走到候診室。他問了羅伯特幾個問題：消化不良有沒有吃胃藥？吃了有沒有用？左手臂會不會痛？肩胛骨之間有沒有不舒服？羅伯特吃了胃藥，但沒什麼用。他的左臂在手腕附近的確有點痛。而且，沒錯，他的上背疼痛。

「家族中有沒有人有心臟疾病？」斯皮爾斯問道。

「有，我父親和哥哥都死於心臟病。」羅伯特回答。

「他們幾歲死的？」

「都是在我這個年紀的時候。」

斯皮爾斯立刻送他到同一條街上的多倫多綜合醫院心臟醫學中心。羅伯特心臟病發作十八個小時後，接受心臟三重繞道手術，命被救了回來。

斯皮爾斯閒暇之餘愛好飛行、也是個飛行員，並且致力在牙醫界宣導飛行安全。他從飛行員身上學到的最重要的一課，就是讓基層發言、讓高層聆聽。

一九七〇年代以來，發生一連串致命事故，迫使航空業做出改變。早期情況不佳的時候，機長就是機艙裡無可指謫的大王，任何人都不得違抗他。副機長通常都將質疑和擔心放在心

裡，即便開口，也只用暗示的方式。組織研究人員卡爾·維克
（Karl Weick）將這種態度描述如下：「眼前情況讓我困惑，但
我想別人都不這麼覺得，因為他們較有經驗、較資深、職位也
較高。」[27]

然而，隨著該產業不斷發展，飛機、空中交通管制和機場
管制變得太過複雜，以往的方式已經不合時宜。機長就是大
王，但大王往往是錯的。有太多變動，而這些部分又錯綜複雜
地相連在一起，只靠一個人很難注意並了解每件事情。

機長和副機長往往輪流駕駛。駕駛的機師負責主控，另一
位機師則進行無線電對話、檢查所有事項，並隨時準備應付負
責飛行的機師所犯的錯誤。大約有一半的時間是由機長來飛
行、副機長進行輔助工作。另一半的時間則角色互換。所以，
從統計學上來看，約有五成的事故發生在機長飛行的時候，另
五成的事故發生在副機長主控的時候，對不對？

西元1994年，國家運輸安全委員會（NTSB）發布1978年
到1990年間的人為失誤意外研究，結果非常令人意外。[28]近四
分之三的重大意外發生於機長負責飛行的時候。**資淺機師飛行
時，乘客比較安全。**

當然，這並不意味著機長的飛行技術差，但當機長在飛行
時，他（多半是男性）很難聽信不同意見，他的錯誤無人糾
正。事實上，該研究發現，重大事故中最常見的錯誤是，副機
師未能質疑機長糟糕的決策。反之，當副機師負責飛行時，系

統運作順利。機長提出質疑、指出錯誤，幫助副機長了解複雜情況。只不過這種系統只有單向奏效。

還好，自從「機組員資源管理」（CRM）訓練計畫出現後，情況出現改善。[29]該計畫同時顛覆了機艙內部和整個產業的文化，將安全重新塑造成團隊議題，並讓所有機組員——從機長、副機長到全體組員——立於更平等的地位。質疑上級的決定不再被視為不敬之舉，而是必要做法。CRM教導機組員如何說出反對的語言。

CRM的內容淺顯明白，甚至有些可笑。例如，該訓練有個重要部分，強調副機長提出質疑時可利用五步驟流程：

一、先叫住機長。（「嗨，麥克。」）

二、表達你的考量。（「我認為暴風雨恐怕已經來到飛機上方了。」）

三、陳述你對問題的看法。（「我們可能會遇到危險的風切。」）

四、提出解決方法。（「等暴風雨離開機場再下降吧！」）

五、獲得明確認同。（「你覺得可行嗎，麥克？」）

這些步驟簡直就像我們教小孩如何尋求協助一樣簡單，可是在提出CRM之前，卻很少有人做到。以前，副機師會陳述一件事實（「暴風雨來到飛機上方了。」），卻猶豫著不知該不該叫住機師表達他們的考量，更別提要說出解決辦法了。因此，就算他們企圖表達某個嚴重考量，但往往聽起來也像是不經意的看法。

CRM非常成功。自從美國民航業執行該計畫後，因機組員失誤而導致的事故率急劇下降，而且，是機長還是副機長駕駛已經沒有差別。一九九〇年代，只有一半的事故——而不是以前的四分之三——發生於機長駕駛的時候。[30]

該計畫之所以成功，是因為它讓每一個人，從行李搬運工到機長，都擁有目的感。它傳達的訊息是，每個人都能對安全做出重要貢獻，而且每個人的看法都很重要。丹尼爾・品克（Daniel Pink）在他的著作《動機，單純的力量》（*Drive*）說明這項做法——讓人們擁有目的感和自主權——往往是激勵他人最有效的辦法。

CRM的構想還拓展到其他那些同樣愈來愈複雜的工作上，像是救火和醫學等等。2014年，斯皮爾斯醫生和牙醫教授克里斯・麥克高洛區（Chris McCulloch）在《加拿大牙醫學會期刊》（*Journal of the Canadian Dental Association*）共同發表了一篇文章，描述將「機組員資源管理」應用在牙醫診所裡的情況。[31]

「牙醫需要創造出一個有利發言的環境，讓所有員工隨時自在說出心中的疑問，將診所裡的階級之分降到最低，」兩人寫道。「其他員工可能會看出牙醫師沒注意到的事情，像是沒被發現的蛀牙，或是某顆牙即將接受不當的治療等等。牙醫師應該鼓勵診所內所有員工交相檢查彼此的行為，必要時提供協助，並且不帶批判地解決錯誤。」

結果發現，勇敢發言不僅在別人都沒注意到問題時有用，甚至在大家都注意到同一個問題時也很有幫助。組織研究人員蜜雪兒·巴頓（Michelle Barton）和凱薩琳·蘇特克理夫（Kathleen Sutcliffe）辛苦研究幾十場林野大火，最後發現火勢是否得以順利控制的核心原因。最大的差別並非消防人員有否注意到問題的先兆，事實上，不管火勢是否及時受到控制（包括許多結局慘烈的大火），打火弟兄都及早發現了危險警訊。差別反而在於，他們是否**說出**其他人都注意到的擔心點。如果有，則他們個人的擔憂便眾所周知，能引起討論。研究人員指出，大聲說出擔心，讓救火員能夠「創造出一種人為現象——組員之間懸而未決的陳述，無論是認同或否定，都需要做出回應。」[32]

能從這種做法中受惠的不只是飛行員、醫生和消防人員。例如，Google針對自家工程師做了一項名為「亞里士多德計畫」（Project Aristotle）的大規模實驗，結果發現，組員是否願意分享，對其表現有重大影響。[33]另一項研究則顯示，某銀行業績最佳的分行，是員工最常勇於發言的分行。[34]

不過，要學會自在表達不同意見並不容易。「機組員資源管理」剛推出時，許多機師認為那是無用的心理學胡扯。他們稱之為「禮儀學校」，[35]而且覺得主管機關企圖教他們如何舒適愉快實在荒謬。可是，隨著愈來愈多事故調查揭露，未能發言與聆聽確實導致災難，大家的態度開始轉變。[36]飛行員禮儀學校最後成為當局設計過、最強大的安全干預措施。

第二課：減弱權力暗示

德州一家大型醫院裡，有位醫術高明的急診室醫生一直無法讓病人感到自在。[37]雖然他有優良的安全紀錄、同事也都尊敬他，但病人給他的評分卻偏低，覺得他無法使人安心。當護士告訴他，有些病人甚至對他隱瞞重要資訊，他知道自己必須改變了。

在該院營運長的建議下，他決定先做個小改變：巡房時與病人談話的時候，不再站在病床邊。反之，他會拉張椅子坐下，讓病人能和他面對面。其他方面都沒有改變，他和病人的交談依舊很短，但病人對他的滿意度卻自此上升，而且開始對他敞開心房。

擔任過機長與事故調查員的班·伯曼也使用類似技巧。「我從未有過完美的飛行，」[38]他每次出發前都會對新來的副機長這麼說。儘管他資歷嚇人：資深機長、頂尖事故調查員，而且還寫過機師失誤方面的書，但這種坦誠的宣言鼓勵新手放心挑戰他。

2011年夏天，波士頓大學商學院院長肯·弗利曼（Ken Freeman）採取激烈手段來減弱權力暗示。[39]弗利曼在企業界任職多年後，於2011年當上院長。他剛到任時，他的辦公室位於高樓層一間華麗、原木裝潢的房間,離嘈雜的教室和學生生活很遠。這「比我在企業界看過的任何辦公室都還要大。」他說。還安排了一位助理坐在外面,擔任守門人的角色。很少有人膽敢上樓找他。

在豪華辦公室待了一年後,弗利曼決定搬家。他選中人來人往的二樓中間簡單的、外牆是透明玻璃的小房間。「我二樓的辦公室比其他多數教職員的辦公室都還要小,」他說。門外沒有助理,人們可以從透明玻璃直接看到弗利曼。新辦公室就在教室與教職員常去的咖啡店的同一排。「這讓我每天都能接觸到學生和教職員,這是我以前在正式的辦公室裡做不到的事情。我早上七點就開放自由造訪,正常的情況下,每天大概都有十個人左右來訪。」

和弗利曼的小辦公室完全相反的,是理查・弗爾德(Richard Fuld)的私人電梯。雷曼兄弟公司爆發全美史上最大破產案時,弗爾德是這家投資銀行聲名狼藉的執行長。雷曼公司前副總裁勞倫斯・麥當勞(Lawrence McDonald)曾描述弗爾德每天早上的排場:[40]「他的司機會打電話給公司櫃檯,接待人員按下按鈕,大樓東南角落的電梯就會打開,警衛走過去按住電梯,等待弗爾德從後門進來。如此一來,理查・弗爾德大帝只需要在我們這群烏合之眾面前曝光15英尺。」

這個電梯儀式象徵著弗爾德的領導風格。誠如麥當勞所說:「在雷曼兄弟公司裡,你得低著頭、做好自己的工作,否則兩者都不保。」

第三課：領導者說得最少

　　東區高中有麻煩了。有事必須趕快處理，你的團隊得找出解決方案。地方學校系統面臨財務問題、稅收不足，並且與教師工會衝突不斷。東區高中一直是明星公立學校，但如今卻因為學區重劃而湧入許多程度較差的學生，有些老師無法適應。例如，教代數的年邁的辛普森太太就無力維持課堂秩序。學校董事會主席非常生氣，他的兒子也在辛普森太太班上。他要該校管理人在不花額外經費的情況下立即設法改善。

　　管理人組成一個小組來處理這個危機。小組成員有四位：管理人本人、校長、學校顧問和你。你是董事會的一員，負責對學生家長發言。

　　你們四人各自提出不同的資訊。例如，管理人知道，學區內其他學校校長曾被徵詢過，是否願意讓辛普森太太調至自己的學校，都拒絕了。校長知道，辛普森太太兩年前有過輕微中風，而且其他老師都非常喜歡她。顧問知道，學生在辛普森太太班上很容易得到 A，而且他們不認為她教得好。而你知道家長反對加稅。你們團隊會提出什麼樣的解決方案呢？

　　這個場景是心理學家馬提・富勞兒斯（Matie Flowers）於一九七〇年代進行的一項簡單但非常重要的實驗。[41]富勞兒斯創造了四十個小組，並請每一組的人們分飾那四個角色：管理

人、校長、顧問和董事會成員。每個人拿到一張紙，上面描述
與情況相關的六到七項事實陳述，但彼此不知道對方的內容是
什麼。其用意是模擬每個人握有不同資訊的複雜情況。然後，
各個小組開始行動、設法想出解決方案。

　　該實驗有個人為的變數，富勞兒斯隨機將扮演管理人的參
與者分成兩組：指導型領導人與開放型領導人。指導型領導人
被訓練成在討論一開始就先提出自己的方案，並強調最重要的
事情是全組達成共識。反之，開放型領導人讓其他組員先說出
想法之後，才提出自己偏好的辦法。而且，開放型領導人強
調，最重要的事情是徹底討論所有可能觀點。

　　富勞兒斯將各組的討論過程錄下來，並由兩位獨立裁判來
分析錄影內容。他們計算組員提出多少不同的解決方案，以及
每個人手上的事實資訊有多少在討論時實際被提及。請看以下
結果：

	指導型領導人的小組	開放型領導人的小組
提出的解決方案件數	5.2	6.5
提及的事實件數		
總計	11.8	16.4
達成共識前	8.2	15.5
達成共識後	3.6	0.9

　　開放型領導人的小組提出較多的解決方案，討論中也分享

較多的事實資訊。當裁判將提及的事實資訊分為達成共識前與達成共識後，出現了令人非常震驚的模式。在達成共識前，開放型領導人的小組所分享的事實資訊，是指導型領導人小組的近兩倍之多。開放型領導風格不僅產生更多解決方案，達成共識前的討論參考資訊也比較充分。反之，在指導型領導人的主導之下，幾乎有三分之一的事實要在達成共識**之後**才被提出來。當然，這時才提出來已經不能改變什麼，頂多只用來證明他們做出適當的決策。

富勞兒斯的研究顯示，要搜集更多事實、集思廣益其實不難，並不需要一位擁有高超魅力和技巧的天生領導者。事實上，本實驗中隨機挑選出的開放型領導者只不過接受了短暫的訓練，但他們的小組表現卻一致比其他小組來得好。

幾句話就能做出大改變。你可以在會議開始時這麼說：**我想，最重要的，是我們都同意我們的決定。以下是我認為可以做的。**或者你可以說：**最重要的是，我們提出所有可能觀點以做出最佳決定。現在，請每個人說出你們的想法。**

我們大多不是管理人或執行長，但開放型領導風格適用於各種情況。教養專家珍・尼爾森（Jane Nelsen）提到她與她兩個幼兒一同進行問題解決流程。[42]尼爾森每個禮拜都會隨機分配重要的家事給兩個孩子做，一人兩件。幾個月後，兩人開始抱怨**對方**的工作比較簡單。所以全家決定在每週家庭會議中討論這件事情。

　　尼爾森堅信隨機選擇家事的方式很公平，但她並沒有在會議一開始就說出自己的想法。「我只是把問題列在討論事項中。他們的解決方案既簡單、又深奧，真不知我怎麼沒早點想到。」孩子們的想法是：早上把所有家事寫在白板上，誰先起床、誰就先選兩件家事。她寫道，「我再次發現，當你給他們機會，他們可以想出很棒的辦法。」

　　儘管父母有較多人生經驗，這並不代表他們對於教養孩子能有更好的構想。但如果尼爾森一開始就先說出她自己的辦法，她的孩子也許就不會分享他們的想法。*

　　「重點在於，我們需要更了解，人類對於階級有多敏感。」[43]吉姆·戴特爾特告訴我們。他說：

> 你需要知道，人們很擔心（無論自己有無意識到）冒犯上級、毀掉社交關係。因此，身為老闆，光是創造一個愉快的環境與開放政策是不夠的，還需要更積極一點。不要等著員工上門提供意見——去找他們。如果會議中無人發表己見，也別以為他們全都同意——主動問出不同的觀點。常常與人對話、讓人們有機會與你分享看法。如此一來，說出看法便不再是件特別的事情，而變得隨性、日常。

---

* 註：克里斯（本書作者之一）最近與他的四歲兒子討論如何正確玩泡綿劍時，證實了這項做法相當有效。開放型領導力真的有用。

　　最重要的是，戴特爾特警告，光是避免做出打壓異議的行為還不夠。「你需要知道，如果你不鼓勵人們發表意見，就等於打壓他們。單單不去做有負面影響的事情是不夠的。」

　　可是，要是這些步驟致使歪理和謬論排山倒海而來呢？會不會有意見太多的問題？當然，你一定會聽到一些差勁的想法，有些不滿的員工只為抱怨而抱怨。「當你鼓勵人們勇於發言，你不該指望你只會聽到好構想，」戴特爾特說。「不過，你需要權衡，浪費時間聽無用的意見，與錯失重要意見的代價孰重孰輕，你需要決定何者比較重要。」

　　在簡單的系統中，鼓勵人們發言也許不是那麼重要。失敗的跡象非常明顯，人們也很容易看出，而且小錯誤往往不會造成大崩潰。可是，在複雜的系統中，任何人要掌握全局的能力有限，再加上，如果系統的耦合又很緊密，質疑的聲音就更加重要，因為錯誤的代價實在太高。在危險地帶裡，異議是不可或缺的。

第 八 章

減速丘效應

「他是黑人。我希望他能被選中，但難以如願。」

多元化有助出色表現

花旗集團前財務長莎莉‧克勞卻克（Sallie Krawcheck）坐下來接受公共電視網（PBS）記者保羅‧梭爾曼（Paul Solman）採訪，談到2007年到2008年撼動全球經濟的金融風暴。[1]

克勞卻克：我想到我以前的行業——金融服務，依我的親身經歷來看，在那些衰退的公司裡，並非「一群早就預見衰退的邪惡天才。」剛好相反，那是一群努力工作的人們，只不過是錯估形勢。我回想那些團隊，同質性很高，人們一起長大、上同一間學校、年復一年看著相同的數據，然後做出一樣錯誤的結論。

梭爾曼：氣味相投。

克勞卻克：氣味相投，可以這麼說。我不確定他們喜不喜
　　　　　歡你這樣說他們，不過，他們是氣味相投。我
　　　　　清楚記得有一天一位資深投資銀行家正在描述
　　　　　一套複雜的系統，有位任職於消費性銀行的女
　　　　　士打斷他，並說：「那是什麼鬼東西？我們為
　　　　　什麼需要這個？都已經發生金融風暴了，還要
　　　　　『什麼鬼東西』嗎？」

梭爾曼：可是，女性是否比較喜歡說「我不懂」？

克勞卻克：我認為，若能由背景不同的人組成多元化團
　　　　　隊，就會有較多的容許空間──而不會發生
　　　　　「我不敢相信我居然不懂，我最好不要開口
　　　　　問，否則會丟了工作」的情況。反之，人們可
　　　　　以提問：「我來自其他背景，你能再為我解釋
　　　　　一次嗎？」我以前看過這樣的情況。然而，後
　　　　　來管理團隊的同質性愈來愈高，事實上，金融
　　　　　業就在中年白人男性的主導之下進入衰退，並
　　　　　在更多中年白人男性的帶領下走出衰退。

　　克勞卻克在訪談中熱切主張多元化。不過，她的看法是對
的嗎？多元化真能在複雜的世界協助我們避免失敗嗎？

＊　　＊　　＊

六個人坐在新加坡某行為研究實驗室的等候室裡，他們全都是住在該國的華人，來到實驗室參加股票模擬交易競賽。[2]但他們不知道自己參與的實驗即將顛覆世俗對多元化的認知。事實上，他們根本不知道這項研究和多元化有關。

一位研究助理走進來，帶每個人分別來到一個獨立的小隔間，裡面配置了一台電腦和交易系統，並告知參與者如何計算股票價值。

模擬交易是實際股票市場的簡化版。六位參與者可使用電腦互相自由買賣，而且可以在螢幕上看到所有完成的交易、買入價和賣出價。經過練習後，他們便開始實際用金錢交易。

研究人員找來幾十組人進行這種模擬交易，有些組的成員很類似——都是新加坡的主要族群，華人。也有很多元化的市場：當中包括至少一位少數族群，馬來人或印度人。研究人員觀察這些不同市場中的交易準確性：交易者根據手上資訊所出的價格，和股票正確價值有多接近？

「多元化市場的準確度要比同質性市場高，」[3]該研究作者之一、麻省理工學院（MIT）教授伊文・艾波菲邦（Evan Apfelbaum）指出。「在同質性市場中，如果有人出錯，其他人很可能會照做，」艾波菲邦告訴我們。「而在多元化市場中，錯誤比較不會蔓延。」

研究人員把實驗轉移到另一個地點時，這些結果更加明顯。這一次，他們來到德州，多元性市場涵蓋了白人、拉丁人和非裔美人。德州的結果也像新加坡一樣，在多元化的團體中，參與者能更準確地訂出股票價格。而同質性市場則出現更多價格泡沫——當泡沫破滅時造成更慘重的崩盤。**多元性能縮小泡沫。**

多元化的小組為何表現出色呢？

參與者開始交易之前，都分別回答了幾個關於定價的問題。接著，研究人員用這些答案來評判多元化小組裡的成員是否原本就具備較佳的定價技巧，結果並沒有。

答案就在交易數據中。在同質性市場中，交易人員對於同儕的決策有很大的信心，就算有人出錯，人們也會以為那是合理的選擇。他們信任別人的判斷——即使是錯誤的判斷也一樣。在多元化市場中，人們會更嚴格地審視錯誤，比較不會依樣畫葫蘆。他們認為錯誤就是錯誤，不信任彼此的看法。

小組中有少數族群的優點，並不在於他們能提出獨到的觀點；少數族群的交易員對市場有幫助是因為，依研究人員的說法：「光是他們在場，就改變了所有交易員唱同調的狀況。」[4]在多元化市場中，**每個人**都變得疑心更重。

我們往往會相信那些看起來與我們類似的人的判斷，[5]所以，同質性團隊能減緩緊張氣氛，讓互動流暢輕鬆。當然，這不見得都是壞事。當我們相信能依賴同儕的判斷時，事情會比較容易完成。可是，同質性似乎把事情變得**太**容易了。它也造成太多順從、太少懷疑，我們很容易因此輕信壞主意。

反之，多元性比較不熟悉，讓人感到較不自在。它預示著衝突的來源，會讓我們更懷疑、更批判、更小心，因而更容易抓出錯誤。「我們多半會想，如果有人看起來不一樣，則他們的想法也會不一樣——他們會有不一樣的觀點、不一樣的假設，」艾波菲邦告訴我們。「如此一來能助長健全決策。也許會有點不自在，但會讓我們更客觀。」

艾波菲邦和同事又進行了另一項實驗，以更進一步了解這種現象。[6]他們讓參與者四人一組，並請每個人評估申請某頂尖大學的高中學生個人資料。如下例：

	A學生	B學生
在校成績（GPA，滿分為4.0）	3.94	3.41
SAT（全美學科評鑑考試）總分		
閱讀（滿分800）	750	630
數學（滿分800）	730	620
大學學分預修課程（AP）	2	3
課外活動	環保社團 全美榮譽協會 寫作家教	戲劇社團 國標舞 反酒駕學生組織

你認為哪一位學生比較有機會被名校錄取？

大多數人會選A學生，這似乎很容易抉擇。A學生在校成績幾近滿分，閱讀和數學考試分數也比較高。雖然B學生修的AP課程比較多，但A學生的學業成績明顯較佳。而且，A學生的課外活動紀錄和B學生旗鼓相當。當你個別詢問、而不是在小組中詢問時，多數人會選擇A學生。

但這項實驗有個人為變數。在每個四人小組中，只有一個人是真正的參與者，其他三位都是被安排來擔任演員的角色，他們的任務是在分享己見時提出錯誤的答案。真正的參與者並不知道其他人都在配合實驗的進行。

三位演員先發言。「B學生。」第一位說。「B學生。」第二位說。「B學生。」第三位附和。然後，輪到真正的參與者發言了。有些人拒絕順從，猶豫了一下，選了A學生。但是，儘管B學生在多數方面都明顯不如A學生，許多受試者最後都還是跟著其他人一起選了B學生。

你也許看出這項實驗和知名的艾許（Asch）從眾實驗很像，處境相同的人屈服於群體的想法，明明兩條線的長度明顯不同，還是宣稱它們一樣長。可是，艾波菲邦等人在實驗中加了新的層面。有些小組中，參與者和三位演員都是白人。有些小組的參與者是白人、另外有兩到三位的少數族群。這造成很大的不同。在種族類似的小組中，參與者往往順從群體意見、也選了B學生。而在種族多元化的小組中，人們比較少接受錯誤的答案。

為什麼會這樣呢？其實就像之前的交易實驗一樣，同質性高的小組中，若有人做出有疑慮的選擇，其他人反而比較會質疑自己。「這似乎是『雙重效應的好處』，」[7]艾波菲邦解釋道。「在同質性小組中，人們似乎會把同儕的錯誤觀點合理化。他們努力想出其他人可能正確的原因——為什麼成績較差的申請者會較有勝算。而在多元化小組中，這種情況較少發生。」

在多元化的團體裡，我們不相信別人的判斷，會直指國王其實沒有穿衣服。這在面對複雜系統時是非常有用的。若小錯可能致命，那麼，當我們認為別人錯誤時還姑且相信，則是自取滅亡。我們應該要深入探討、保持批判的態度。多元性能幫助我們做到這一點。

其他研究也得到相同結論。2006 年有個很吸引人的實驗，研究人員讓三人一組——有些全是白人，有些則來自不同種族——並請他們解開一宗殺人謎案。[8]那是很複雜的案子，有位商人被謀殺，有多位嫌疑犯，還有很多資料需要釐清：目擊者證詞、審問紀錄、警探報告、犯罪現場地圖、剪報，還有被害人親手寫的字條。這些資料內含諸多破案線索，研究人員確保所有組員獲得許多相同的線索，但是每個人也各自得到幾個他或她自己才知道的線索；團隊需要全部的線索才能找出殺人犯。這項安排掌握了複雜系統的兩大特性：真相無法一目瞭然，以及沒有一個人知道全部相關事實。

多元性對於破案很有幫助。多元化團隊較容易發現每位組員都各自知道不同的事情，他們也花較多的時間分享和討論這些線索。「種族多元的小組明顯比種族單一的小組表現優良，」[9]該研究主要作者，哥倫比亞大學教授凱薩琳‧菲利普斯（Katherine Phillips）寫道。「與同質性高的人在一起，會讓我們以為大家都握有一樣的資訊、持有相同的看法。這看法……阻礙全是白人的團體有效處理資訊。」

請陪審團進行模擬審判時，也發現了類似的結果：種族多元的陪審團分享更多資訊，更廣泛討論相關因素，甚至在回憶案情事實時也較少出錯。[10]同樣的，並不是因為種族多元的陪審團比白人陪審團高明，當陪審員來自各種背景時，**每個人**表現更好。

性別多元化也有類似的效果。例如，會計系教授賴瑞‧阿布特（Larry Abbott）、蘇珊‧帕克（Susan Parker）和泰瑞莎‧普瑞斯萊（Theresa Presley）合創了一家公司，發現公司董事會缺乏性別多元性，常常會發布財報重編——修改之前財報裡的錯誤或偽證。財務重編是讓公司顏面盡失的失敗，會動搖投資人對公司的信心，可是，似乎只要稍微增加性別多元性，就會降低財報重編的可能性。「更多元化、更少同質性的董事會能更常質疑假設、以業界標準來審視會計的可比性（comparability），促成更深入的討論和較不急促的決策，」[11]研究人員寫道。「這些行為都是因為董事會的性別多元化降低了集體單一思考的情況，監督過程也得以改善。」

諷刺的是，實驗雖然顯示同質性團體較不擅於複雜任務，但人們卻對自己的決策**感到**更有信心。他們喜歡團隊合作，也覺得他們表現不錯。和背景類似的人在一起感覺良好、自在，沒有摩擦，事事熟悉、流暢。反之，多元性感覺怪異，[12] 做起事來綁手綁腳，可是卻能讓我們更投入、提出更棘手的問題。

增進多元化的有效辦法

以下對話發生於幾年前美國頗負盛名的顧問公司。[13] 兩位顧問都面試了求職者亨利，這是兩人評估亨利時的實際討論內容。

> 顧問一：他是黑人。我希望他能被選中，但難以如願。
>
> 顧問二：他很精明、講起話來頭頭是道，可是缺乏組織性。他甚至不會說：「我要陳述三項重點。」
>
> 顧問一：需要一直提示他。（**嘆氣**）
>
> 顧問二：他是多元化的人選。
>
> 顧問一：他不算太糟，但絕對不是第二次面試人選。

他很精明、講起話來頭頭是道，能增加公司的多元性，他們希望他能被選中。但他的回答缺乏組織性。

同樣這兩位顧問面試官還考慮威爾，後者是個白人。「他非常精明、有自信，在客戶面前可望有出色表現，」[14] 其中一位顧問指出。「但他沒有商業直覺。」另一位顧問也認同：威爾缺乏組織性。但**那**沒有關係。威爾在顧問案例面試上是新手，他只需要多加練習就可以了。於是，他們請他接受第二回合的面試。他們甚至先行給他建議：他需要「加強組織性」。而亨利則沒有第二次面試機會。

兩位顧問並不認為自己有偏見，即便偏見出現，他們也覺得自己是根據面試者優缺點來進行評估。多年來，交響樂團也面臨相同的問題。他們認為自己是菁英至上，只錄取最優秀的音樂家。儘管參加甄選的男女人數差不多，而且評選過程公平，但他們往往還是錄取較多男性。

等到交響樂團開始用布幔擋住試奏者，讓評審無法得知對方性別後，錄取偏見才消失，樂團的多元性也因此大增。[15]如今，許多頂尖交響樂團的男女團員人數都不相上下。

然而，在多數的雇用和升職決策上，我們無法用布幔擋住。因此，過去三十年來，企業紛紛採行大量的多元化策略，只可惜多數未達顯著成效。在美國，員工超過百人的公司中，黑人主管的比例從1985到2014年都穩定維持在百分之三左右。[16]而白人女性主管的比例自2000年後就停在三成，沒有進展。企業企圖在管理階層提高種族與性別多元性的努力明顯失敗。

這真是個弔詭的情況：處處可見多元化計畫，而且企業在這方面投注愈來愈多的金錢和精力，但卻遲遲未見成效，為什麼呢？

　　為回答這個問題，哈佛大學社會學家法蘭克‧道賓（Frank Dobbin）和同事研讀來自八百多家公司、超過三十年的數據。他們發現一件令人震驚的事情：最常被採用的多元化計畫結果並未增加多元性。事實上，它們還讓公司**較不多元化**。

　　以強制性多元化訓練為例，這是個非常受歡迎的計畫——多數《財星》雜誌（Fortune）五百大企業，以及幾乎一半的中型企業採用這項計畫——但一點用都沒有。引進該計畫的企業發現，五年內亞裔美籍主管比例下降了百分之五，而黑人女性主管更是少了近百分之十。至於白人女性、黑人男性和西班牙裔的比例也沒有任何長進。

　　其他受歡迎的計畫也出現類似結果，像是強制性工作測驗（旨在確保遴選過程公平）和正式申訴程序（員工可用來質疑公司給薪、升職和遣散等決定）。這些計畫本應能夠降低對少數族群和女性的偏見，但事實上卻讓情況更加惡化。

　　道賓等人訪談了數百名主管，終於發現原因，這些計畫未能奏效，是因為它們著重在**修正**主管的行為——企圖強制對主管施壓，限制他們做出雇用和升職決策時的自主判斷力。但主管反抗這種做法。「用規定和再教育來責備和羞辱，是找不到好主管的，」[17]研究人員寫道。「社會科學家發現，人們往往會反抗規定，來維護他們的自主權。你想要脅迫我做X、Y或Z，我偏要反其道而行，來證明我是我自己的主人。」

例如，最近有項實驗顯示，當人們感覺被施壓、被迫認同小冊子上譴責種族偏見的內容時，反而會在閱讀後表現出**更多**種族偏見。只有在人們感覺能自行選擇是否認同時，小冊子才能發揮降低偏見的功能。道賓等人在工作測驗上也看到類似結果。例如，西岸食品公司的主管只讓不認識的人——多數為少數族群——接受測驗，但最後卻雇用不用考試的白人朋友。

領導人該怎麼辦呢？以下提出三十年數據顯示奏效的幾個辦法。

其中一項有效的工具叫做「**自願性多元化訓練**」。儘管人們對強制性的計畫不滿，但卻樂於參加自願性質的計畫，而且，如果他們認為這項訓練是額外的學習機會，而不是非得參加的例行公事，就會更願意接受新觀念。

另一個有效做法是**針對性徵才**，其目的是從比例低的族群中找出候選人，可以從公司內部，或是原有的大學徵才計畫，或是少數族群職業團體等等。和多元化訓練一樣，這也應該由主管自己決定是否參加，如此一來，他們便會將這項計畫視為擴大人才庫的方式，而非限制權力的高壓命令。「我們從訪談中發現，主管受到邀請比較願意參與，」[18]研究人員寫道。「部分是因為它傳達的訊息是正面的：『協助我們找到更多元、更優秀的員工！』」

針對資淺員工（無關種族和性別）的正式監督計畫和交叉訓練計畫（儲備幹部輪流擔任各種角色）也很有用，因為這些方法並不**強加**多元化的規定，而且它們往往在設計時並未針對多元性，而是讓主管接觸到不同族群，光是這一點就能減少偏見。指派資深男性主管去指導來自少數族群的年輕女性，可以讓主管更加了解這名女性的工作情況。日後若有主管職缺，他也許比較可能會提議公司將她列入升遷考量。

當然，許多組織都有非正式的指導安排，但指派主管指導下屬的正式計畫成效較佳。道賓等人指出：

> 白人多半會自己找指導者[19]，但女性和少數族群需要正式計畫的協助。原因之一，是白人男性主管不習慣主動去協助年輕女性和少數族群男性。不過，他們都會非常熱心地指導公司指派的後進，而女性和少數族群往往會率先報名徵求指導主管〔在正式計畫中〕。

研究還發現，**派人追蹤多元性**也很有用。如果是業務單位，可以指派一人負責促進多元化——即便他們的職權只能搜集和報告數據。舉例來說，多元化任務專員定期檢視各單位的多元化數字，並找出增進多元性的機會。某部門是否缺乏足夠的多元化求職人選？公司內的資深女性和少數族群是否多年未能晉升？這些人是否完全沒有申請在某些領域升職的機會？任務專員得到這些問題的答案後，就能各自在自己的部門提出這些議題。

用這種方式來了解多元性之所以能夠奏效，是因為人們想要顯得公平。當主管知道有人在監視相關數據時，就會捫心自問：我該不該退一步來看？我是否需要將更多能力相當的人才列入考量？我是不是只考慮第一個想到的人？

許多有心提升公司多元性的主管到頭來都很沮喪，因為他們的努力沒什麼效果。最常見的策略都強調規定和控制，沒有一個有效。不過，本書提到的辦法──自願性多元化訓練、針對性徵才和多元化任務專員──都確實奏效。在道賓的樣本公司裡，這些計畫在短短五年內便提高女性和少數族群主管人數，而且增幅往往是兩位數。

這些方法有用，是因為它們是軟性工具。它們不會強迫人們放棄控制，也不會列出一堆該做與不該做的事項，而是吸引主管自願行動，讓他們接觸到更多不同背景的人，而且也迎合他們想要在別人眼裡留下好印象的心意。

在這個複雜系統的時代，多元性是個很棒的風險管理工具，但我們不能將之強加於組織。若使用一貫的官僚主義程序，情況非但不會改善，還會更糟。我們需要減少使用控制策略。建立一個多元化的組織，是個有軟性辦法的硬性問題。[20]

董事會同質性高助長失敗

血液檢測公司Theranos曾經是全美最炙手可熱的醫療保健

事業。西元2015年，《紐約時報》推舉十九歲便從史丹佛大學輟學、創辦該公司的伊莉莎白‧荷姆斯（Elizabeth Homes）為「五位改變世界的有遠見科技創業家」之一。[21] 同一時間，她也成為《企業》（*Inc.*）雜誌封面人物，標題為：「下一個史蒂夫‧賈伯斯」。[22] Theranos 當時市值90億美元，[23] 三十一歲的荷姆斯的身價已高達45億美元。幾個月後，《時代》（*Time*）雜誌將她列名為百大最具影響力人物。[24] 投資人爭相掏出上億資金投資該公司。

Theranos 似乎找到了一種用一滴血就能做數十種醫學檢查的方法。在指尖一刺，你就能測試幾百種身體狀況，不需要透過靜脈抽出一管又一管的血液，而且費用只有市面上血液檢測的零頭。

這看起來是個橫掃所有醫療機構的偉大科技。「將驗血變成一種便宜、普及，甚至是（幾近）愉悅的經驗──而不再是原本昂貴、令人害怕又花時間的過程──能鼓勵更多人進行驗血，」[25]《紐約時報》指出。「如此一來，疾病能及早發現，無論是糖尿病、心臟疾病或癌症等，面對各種疾病都能採取預防性或更有效的治療。」

Theranos 儼然將成為矽谷的明日之星。然而，曾獲普立茲獎加持的《華爾街日報》（*Wall Street Journal*）採訪記者約翰‧卡瑞魯（John Carreyrou）對於這樣誇張的宣傳卻不買帳。[26] 他讀過雜誌對荷姆斯的介紹，驚訝於她對公司的科技總是模糊帶過。「我看出當中有一些疑點，但當時我沒有多想，」卡瑞魯說。後來，他接獲情報，得知「該公司也許表裡不一」。

卡瑞魯開始調查Theranos，2015年十月，《華爾街日報》登出了他的報導。那是一篇具殺傷力的報導，[27] 質疑該公司驗血設備的準確性，並揭露Theranos多半沒有用自己的技術來驗血。員工承認，絕大多數的驗血都是使用其他公司買來的傳統驗血設備。「三十一歲的荷姆斯以大膽的言論和高領黑毛衣的招牌打扮，吸引了蘋果公司合夥創辦人史蒂夫・賈伯斯的注意，」卡瑞魯寫道。「可是，創新技術帶來的興奮似乎不敵現實，Theranos私底下一直在苦撐。」

這篇報導引起一片譁然，空中樓閣開始搖晃。記者和主管機關持續調查該公司。此外，Theranos還官司纏身，被合夥人連鎖藥局沃爾格林（Walgreens）控告違約。[28] 幾家大型財務贊助者也提出告訴，指稱該公司和創辦人欺騙他們這項技術的效果。[29] 數萬件驗血結果全部無效，愈來愈多拿到錯誤報告的病患提告。[30] 2016年，《財星》雜誌將荷姆斯列名為「全球最令人失望的領導者」之一。[31]《富比士》也修正了她最新的身價：零。[32]

事情爆發幾個月前，美國臨床化學協會（American Association for Clinical Chemistry）主席大衛・寇許（David Koch）博士被問及Theranos的前景。寇許是該領域的頂尖專家，但他對此問題卻無可奉告。「我無法評論它的前景有多看好，」[33]他說。
「我沒有辦法給任何答案，因為根本沒有東西供我觀察、判讀
或回應。」

　　Theranos以神祕著稱。荷姆斯堅持公司必須維持「隱形模
式」以保護他們的技術。很少人看過相關數據，更沒有同儕審
查研究來檢視該公司設備。[34]當記者肯・奧樂塔（Ken Auletta）
請荷姆斯解釋這項技術的原理，[35]她的回答是：「化學物產生
化學變化，我們根據血液樣本造成的化學變化轉化成結果，然
後由實驗室的專家進行判讀。」奧樂塔說這個回答「模糊的可
笑」。

　　多家投資公司因為這份含糊不清而放棄投資Theranos。
「我們問得愈深入，她就變得愈不安，」[36]有位調查員告訴《華
爾街日報》。Google創投也考慮進行調查：[37]「我們派了一位
生命科學調查小組的組員直接到沃爾格林藥局接受Theranos驗
血。任何人都很容易發現事有蹊蹺。」——因為沃爾格林要求
進行傳統靜脈抽血，而不是使用Theranos的「革命性」刺手指
方法。

　　連外行人都覺得不對勁，那麼內行人呢？那些負責確保公
司營運維持正軌的董事會成員是怎麼想的呢？

　　好吧，讓我們看看Theranos公司2015年秋季的董事會名
單：

姓名	主要成就	出生年份	性別
亨利·季辛吉（Henry Kissinger）	前美國國務卿	1923	男
比爾·佩瑞（Bill Perry）	前美國國防部長	1927	男
喬治·舒茲（George Shultz）	前美國國務卿	1920	男
山姆·能恩（Sam Nunn）	前美國參議員	1938	男
比爾·弗利斯特（Bill Frist）	前美國參議員	1952	男
蓋瑞·羅夫海德（Gary Roughead）	前海軍上將	1951	男
詹姆斯·馬提斯（James Mattis）	前海軍陸戰隊將軍	1950	男
迪克·科伐塞維區（Dick Kovacevich）	前富國銀行執行長	1943	男
萊利·貝區泰爾（Riley Bechtel）	前貝區泰爾公司執行長	1952	男
威廉·佛基（William Foege）	前傳染病學家	1936	男
桑尼·巴爾瓦尼（Sunny Balwani）	Theranos主管（總裁兼營運長）	1965	男
伊莉莎白·荷姆斯（Elizabeth Holmes）	Theranos主管（創辦人兼執行長）	1984	女

　　「這是個很獨特的董事會，」[38]《財星》雜誌指出。「從公共服務的角度來看，Theranos籌組了美國企業史上最顯赫的董事會。」

　　這的確是個不同凡響的組合，很難得見到一個董事會裡同時有那麼多前內閣成員、議員和高階將領。可是，這個組合的同質性高到令人難以置信。除了兩位Theranos主管之外，每一位董事——十個人當中有十人——都是白人男性，而且他們全都在1953年以前出生，平均年齡：七十六歲。

Theranos董事會不僅缺乏艾波菲邦研究證實極為重要的多元性，而且也沒有醫療或生物科技專家，唯一一位還有醫師執照的是前議員比爾・弗利斯特，他在當議員以前是外科醫生。七十九歲的威廉・佛基曾經是頂尖傳染病學家，但他早已退休多年。Thranos公司的董事組合更適合公共政策智庫，而非醫療科技公司。

就在《華爾街日報》率先刊登徹底調查Theranos的報導後，《財星》雜誌編輯珍妮佛・蘭戈德（Jennifer Reingold）也戳破該公司董事會成員缺乏專業。[39]她質疑這樣不專業的組合如何在Theranos核心有效監督該公司。「找來一、兩位退休內閣成員來指導領導技巧也許有用，但有六個人完全沒有醫學或科技背景，則又另當別論……真不知他們是如何投入Theranos的日常營運。」藍戈德指出，還不如找來自各種背景的組合會比較好。

她說對了。為進一步了解，我們得先改變跑道、換個產業來說明。我們得先了解，為什麼由公職、軍事將領和退休醫生組成的董事會——和Theranos董事會組成背景雷同——能幫助數百家小型銀行安然渡過金融危機。

以下是美國幾家於一九九〇年代成立的社區銀行，這只是更長名單當中的一小部分，但它已能充分反映基本模式。你看得出是什麼嗎？

名稱	地點	董事會銀行家比例	結束營業？	倒閉年份
佛羅里達商業銀行	佛羅里達州，墨爾本市	36%	否	
肯塔基社區銀行	肯塔基州，伊莉莎白鎮	20%	否	
密西根傳統銀行	密西根州，法爾密頓丘市	56%	是	2009
新世紀銀行	伊利諾州，芝加哥市	60%	是	2010
模範商業銀行	北卡羅萊納州，羅里市	33%	否	
皮爾斯商業銀行	華盛頓州，塔科馬市	63%	是	2010

　　你可能注意到銀行倒閉潮發生於2009與2010年間，這是有道理的，大衰退打擊小型銀行毫不留情。

　　可是，名單中還透露其他端倪，更特別的脈絡。你也許已經看出來，倒閉的銀行董事會裡銀行家的比例遠**多於**那些存活下來的銀行。如果你看出這一點，你應該心知肚明了。最近有一項研究，追蹤全美一千三百多家商業銀行近二十年的表現，也得到類似結論：[40]董事會有許多銀行家的銀行，要比董事成員多元化的銀行更容易倒閉。在多元化的董事會中，成員不僅有銀行家，還有非營利人士、律師、醫生、公務人員、軍官等等。儘管許多背景和銀行業毫無相關，但這種多元性——專業多元性——卻拯救了銀行。

　　這種效應對於在捉摸不定的複雜市場中運作的銀行尤其明顯。並不是因為風險承擔度高的銀行會請更多銀行家擔任董事，也不是因為由銀行家主導的董事會甘冒更多風險以追求高收益，這項研究排除了這些解釋。為了解真正情況，該研究主導者——西班牙IESE商學院教授約翰・阿曼多茲（John Almandoz）[41]——訪問了數十名董事、銀行執行長和銀行創辦人。他發現三件事情。[42]

第一是**有銀行業背景的董事往往太仰賴自己的專業**。受訪者一再使用「全套經歷」這個字眼來形容銀行家帶進董事會的專業。有位董事說：「董事會裡沒有前銀行家的好處，是我們不會聽到『全套經歷』，也不會有人說『我們以前在別家銀行都是這麼做的。』」[43]

其次是**過度自信**。「如果董事會裡有很多銀行家，他們往往會多拉高一點貸款額度，因為他們相信自己比別人多一點背景和經驗，」[44]一名董事解釋道。「而非銀行背景的董事則會謹慎一點。」

第三個問題是**缺乏有建設性的衝突**。當非銀行專業的董事只占少數時，就很難挑戰專家。有位執行長告訴研究人員，在銀行家充斥的董事會裡，「人人互相尊重，無論如何都不會真正起爭執。」[45]可是在非銀行家占多數的董事會裡，「當我們看到我們不喜歡的事情，一定直言不諱。」

未由銀行專家主導的董事會行事風格，很像種族多元化的團隊。董事們爭論、質疑彼此的判斷，任何事都不會被視為當然。銀行家的用語和醫生與律師不同，所以，就連「理所當然」的事情也會被提出討論。衝突、冒犯是家常便飯。這並不容易，但這樣的董事會卻能各取所長。這些銀行和 Theranos 不一樣，董事會中還是有幾位真正的專家，擁有高度專業的銀行家，可是——拜業餘人士之賜——他們所占的比重不至於壓制爭論和異議。「業餘人士，」阿曼多茲告訴我們，「才夠天真，會提問那些專家視為理所當然的問題。」[46]

這個結論似曾相識，還記得莎莉·克勞卻克是怎麼描述多元性嗎？多元性之所以有用，是因為它讓我們質疑共識。**那是什麼鬼東西？我們為什麼這麼做？你可以再講一遍嗎？**

外表上的多元化以及專業上的多元化效果非常類似，原理不是因為少數族群或業餘人士能提出什麼獨特見解，而是因為多元化讓整個團隊更多疑，能確保團隊運作不會太順利，也不會太容易達成共識。這在複雜、緊耦合的系統中更形重要，因為在這樣的系統中，很容易錯失重大威脅，犯下一發不可收拾的錯誤。

多元化的作用就像減速丘，它礙手礙腳，但卻能把我們拉出舒適區、不好好思考事情就很難有進展。它從我們手中救出我們自己。

第 九 章

來自外地的外來者

「難道他們是魔術師嗎？」

監獄系統錯放犯人

唐·帕丘克（Dan Pacholke）盯著電話、深吸一口氣。[1]他得打電話給薇若妮卡·梅迪納—岡札雷茲（Veronica Medina-Gonzalez）告知她兒子的事情。帕丘克是前獄警，如今掌管華盛頓州矯正署，管理八億五千萬美元的預算、八千名員工和將近一萬七千名犯人。通常他不需要親自打電話給受害人家屬，但話說回來，矯正署通常也不會殺人。

七個月以前，也就是2015年一個多雲的五月傍晚，凱薩·梅迪納（Ceasar Medina）和幾個朋友在刺青館裡待了好幾個小時，結束後一起去吃披薩、喝啤酒，此時，兩名持槍男子從後門闖入。一個身上有刺青、穿著喬丹氣墊鞋和淺灰色帽T的男子舉著上膛的手槍衝進大廳。他脅迫梅迪納趴在櫃台旁的地上，並用手槍指著他後腦勺。突然間，槍手跳起來、舉起手槍開了一槍。梅迪納趁機起身逃跑，槍手再開一槍，打中了梅迪納。

強劫行動失風，兩名男子逃逸。梅迪納的朋友們半抱半拖地把他拉上車子後座、送到醫院，但他其實當場就身亡了。

警方立即展開調查，監視器錄下了整個過程，警察公布嫌犯照片。華盛頓州矯正署一名警官看到照片，認出槍手：是一名叫做傑若邁・史密斯（Jeremiah Smith）的男子。

這名警官之所以認識史密斯，是因為他因搶劫和攻擊入獄，兩個禮拜前、也就是五月十四號才刑滿出獄。根據矯正署（DOC）犯人管理系統，五月十四日是史密斯服刑的最後一天，但系統錯了，史密斯出獄時，其實還有三個月的刑期。史密斯射殺凱薩・梅蒂納時，應該還關在監獄裡的。

史密斯提早被釋放，是因為DOC的犯人管理系統裡有個程式錯誤，[2]唐・帕丘克直到2015年年底才發現這個問題，不過DOC裡早有人已經知道了。馬修・米倫特（Matthew Mirante）是一位被害人的父親，他於2012年聯絡署裡的被害人服務單位。在波音公司擔任卡車司機的米倫特懷疑DOC算錯了殺害他兒子的兇手的出獄日期，他自己用紙筆，只花了五分鐘的時間就算出刑期，並證實他的懷疑：兇手提早了四十五天出獄。起初，矯正署裡的人認為米倫特算錯了，等到他們請州檢察長辦公室裡的律師檢查他的計算，才發現他算對了。

米倫特的發現只不過是冰山一角。十多年來，這套錯綜複雜、量身定做的犯人管理系統裡一直存有程式錯誤，導致數千名罪犯提早出獄。這整套系統是某個主管所稱「複合互賴」（complex interdependencies）的大雜燴。[3]它的複雜性導致刑期計算錯誤，而且也讓DOC官員難以察覺。在米倫特自行計算之前，**DOC裡沒有任何人知道有錯誤發生**。信任系統也會造成緊耦合。沒有人檢查計算結果；每個人都依照電腦所說的去做。不如讓電腦自動打開牢房大門好了。

怎麼會發生這種事呢？犯人判刑系統有問題，程式設計師、律師和矯正署官員多年來都不知道，怎麼會讓個卡車司機發現了呢？答案與米倫特本身、或他的工作性質都沒有關係，這簡單的算數，DOC裡面有很多人都算得出來。米倫特之所以準確看出錯誤，是因為他**不是**署裡的人。他是個局外人，不受組織內部的規定、假設或政治所約束。

主管發現米倫特所言為真，便立刻要求程式人員修復軟體。可是，初步估計修復需要三個月，並一而再、再而三地延後了十幾次，而且，沒有人真正了解，米倫特的發現影響有多重大。

米倫特提出質疑後，又過了三年，程式人員終於做出修正，開始測試系統經過修正後對目前的犯人刑期有何影響。以前他們修復刑期問題時，通常都只發現幾個問題——與預定出獄日期只有幾天誤差的不尋常個案。但這次修復米倫特提出的問題後，發現共有三千件錯誤釋放案例，平均誤差日期達兩個月。就像DOC資訊長所說的，這真是「哦，狗屎！」的一刻。[4]

我們與州議員麥克·帕登（Mike Padden）談起這件事，帕登時任州議會法律與司法委員會主席，他對於官員居然忽視這個問題那麼久感到駭然。他告訴我們，當有犯人越獄，「他們使出渾身解數，務必把他抓回來！」[5]但在這次的事件，他們卻讓數千名犯人提早出獄。

帕丘克致電給梅迪納的母親，致上哀悼，並為這項錯誤致歉。幾週後，他便辭職下台了。梅迪納的母親向DOC求償500萬美元。[6]她指出，雖然對凱薩·梅迪納開槍的是傑若邁·史密斯，DOC仍難辭其咎。他們對一個局外人提出的珍貴貢獻置之不理長達三年的時間，才會造成他兒子的死亡。

異鄉人

如果格奧爾格·齊美爾（Georg Simmel）生在這個時代，他會是個巨星級公共知識份子，在推特上擁有大批粉絲、爆紅的TED演講，並且是《紐約時報》暢銷作家。他在十九世紀的柏林就是這麼出名。齊美爾是優秀的社會理論家，也是個愛出風頭的公眾人物，他總是讓觀眾癡狂，[7]他的演說廣受學生與社會人士歡迎。他同時也是個多產的作家，作品散見學術期刊和報章雜誌，內容涵蓋各式各樣的主題，從都市生活、金錢哲學，到如何調情和時尚潮流等等。

　　儘管如此，齊美爾卻是德國學術系統的局外人。他一生中多半擔任無酬講師，多次申請教職也未獲接受。1901 年，他終於獲任榮譽教授，但誠如他在自傳裡所說，那是個「名譽頭銜，他還是無法參與學術界，也未能洗刷局外人的污名。」[8]

　　阻礙齊美爾如願的原因之一是他的猶太背景，另外則是他通俗的形象，這是許多學者最討厭的。「無論是他的外表、舉止，還是思考方式，都是個不折不扣的猶太人，」當海德堡大學考慮他的教職申請時，有位重量級歷史學家在評審信中寫道。[9]「他妙語如珠，吸引來的觀眾群也是物以類聚，其中又以女性為多數，」還有那些「從各個國家湧入東德來聽一場又一場座談會的人們也是。」校方最後判定：「齊美爾所表達的世界觀和人生哲學……顯然大異於我們德國的基督教經典教育。」

　　齊美爾未能獲得那份教職，但同一年他發表了一篇短文、後來成為他最重要的貢獻——不但如今被全球各地大學列為教材，並持續啟發社會科學家。這篇論文名為「異鄉人」（The Stranger）。[10]

　　異鄉人指的是某人**身在**團體、但又**不屬於**團體。齊美爾原本意指的異鄉人是中古歐洲城鎮裡的猶太商人——他住在社區裡、但又不同於社區裡的人。此人夠親近、足以了解團體，但同時又夠疏遠、足以擁有外人的觀點。

齊美爾指出，異鄉人的力量來自於其客觀性：[11]

〔異鄉人〕不受特定組織根源和團體中政治傾向的束
縛……〔而且〕不受制於任何牽累，不會讓他的觀點、他
的理解和他對資訊的評估失之偏頗……他以最少的偏見
來檢視情況；他用較通用與較客觀的標準來評估它們；他
的行為不受限於習俗、順從或先例。

基於以上這些原因，異鄉人能協助找出真相。齊美爾舉
了一個經典的例子，中古世紀的「義大利城邦會延請外來的
法官，因為當地人士多少會受家族利益糾葛。」[12]這種制度叫
做podestà，也就是請外地的法官來擔任公正的仲裁人。這些
法官往往任命時間很短，以確保他們沒有機會對地方事務介入
太深。可是，podestà在任時權力非常大。「市民眼見彼此常有
爭執和口角，」[13]波隆那編年紀錄者立安卓・亞伯堤（Leandro
Alberti）寫道，「於是開始延攬外地人士擔任大法官，給予他
統治該城、罪犯與民事訴訟的一切力量、職權和審判權。」**大
權交付外來者！**
　　我們已在本書見識過外來者的力量。馬修・米倫特的計算
結果暴露了華盛頓州矯正部的問題。克里斯・法拉賽克和查
理・米勒這兩名駭客雖非克萊斯勒的工程師，卻發現了吉普車
的重大安全瑕疵。密西根州弗林特市的莉安・瓦特斯呼籲大眾

關注官員忽略已久的鉛中毒危機。還有2001年，兩位外來者
——記者貝絲妮·麥克林和放空投資人吉姆·查諾斯——看出
端倪而問了對的問題，因而揭發安隆公司的舞弊醜聞。

並非外來者擁有毫無偏見的完美世界觀，而是如齊美爾所
觀察到的，他們的立場讓他們看事情的角度與內部人士**不同**。
事實上，同一個人站在內部人士和外來者的立場，都可能有不
同的看法。在內部看來很自然的事情，也許等到我們從外部
觀察就變得奇怪或駭人。讓我們看看丹尼·吉歐伊亞（Denny
Gioia）的例子。[14]一九七〇年代早期，他在福特公司擔任車輛
召回協調人，當時該公司極受歡迎的車款福特平托（Pinto）的
瑕疵逐漸獲得證實，當該車款後車廂被追撞時，油箱可能破
裂、導致起火爆炸——即使低速行駛也一樣。可是，吉歐伊亞
及其團隊決定不召回該車。「我們要追蹤那麼多正在執行或可
能要進行的召回活動，這份工作的複雜性和速度實在很難用言
語形容，」[15]如今成為管理學教授的吉歐伊亞寫道。「我把自
己想成消防隊員——我同事曾貼切形容這份工作：『在這個辦
公室裡，每件事都是危機。你只有時間撲滅大火，無暇處理零
星火花。』依照這個標準來看，平托事件顯然是零星火花。」

可是，吉歐伊亞在進福特公司的前後，對召回決定有不同
的看法。如他所說：「我進福特工作之前，會強烈主張福特有
道德義務召回瑕疵車輛。我現在離開福特，也一樣主張並教導
學生，福特有道德義務召回瑕疵車。可是，**當我在那裡工作**

時，我卻不認為有回收的必要。」[16]

然而，即使當外來者提出有用見解時，還是有美中不足之處：內部人士往往無視——甚或強烈反對——這些見解。華盛頓州矯正部的主管就淡化處理米倫特的發現。克萊斯勒公司主管也只是默默地出了一本手冊，來修復法拉賽克和米勒發現的問題——等到《連線》雜誌爆出這件事，才迫使克萊斯勒全面召回車輛。而在弗林特市，官員一直聲稱莉安·瓦特斯是騙子，逼得她最後努力獲得一位固執的大學教授的支持，並證實問題的嚴重性。安隆主管在公司倒閉之前，也曾竭盡所能破壞查諾斯和麥克林的信譽。

我們的系統變得更複雜、耦合更緊密，內部人士就愈容易失之毫釐、差之千里。而外來者則因具有齊美爾所說的客觀性，能讓我們看見系統可能失敗的原因。

福斯廢氣測試造假

這整件事讓鮑伯·路茨（Bob Lutz）進退維谷。[17]路茨是通用汽車公司（GM）副董事長，負責管理產品發展。他長期擔任汽車業主管，非常熱衷於汽車設計，並曾協助創造通用公司的創新電動車，雪佛蘭伏特（Chevy Volt）。可是，在他的監督下，通用工程師發展另一個環保科技——潔淨的柴油引擎，卻屢遭瓶頸。

　　路茨知道柴油引擎有前途。柴油引擎在歐洲被廣泛使用，它們使用能源密度較高的柴油，比汽油車的燃油效能還要高出近三成。「我們不斷為柴油車請命，」路茨說。「我的意思是，我們符合歐洲廢氣排放標準，又是全球最大的柴油引擎製造商之一，為什麼不能為美國市場提供柴油車呢？」[18]

　　然而，柴油是個弔詭的技術。汽油引擎運轉時的燃料空氣比──燃料盡量完全燃燒、將有害副產品降到最低──接近「理想」標準，但柴油引擎不一樣，它們無法達到幾近理想的標準，所以得使用其他辦法來控制有害物質的產生。在這方面，汽車製造商的做法有很多──使用其他化學物來分解副產品、防止有害粒子外洩，或者就是使用更多燃油。可是這些方法讓柴油車平添許多昂貴零件，降低動力和效能。

　　在歐洲，柴油引擎之所以盛行是因為燃油比較貴，柴油的效能能為消費者省錢。而歐洲的廢氣排放標準較著重燃油效能、而非降低有害副產品，所以製造商不需要在性能或成本上做出太多妥協，他們可以多製造一些污染。

　　可是，車商製造柴油車時卻掙扎著一方面要符合美國嚴格的排放標準──尤其是加州──另一方面又要維持效能、壓低價格，只有一家例外：福斯汽車（Volkswagen）。潔淨柴油科技是福斯公司致力發展成全球最大汽車製造商的重點。路茨鞭策他的工程師跟上福斯的腳步：「你們是怎麼回事？人家福斯都能做到。**難道他們是魔術師嗎？**」[19]

通用工程師深入探究問題。他們在動力計上測試福斯的柴油車——基本上這是汽車的跑步機——全都通過美國廢氣排放標準。但他們告訴路茨,「我們完全不了解他們是怎麼做到的,我們試過同樣廠商提供的相同設備……我們的引擎非常類似,但我們就是不懂為什麼他們能過得了,而我們過不了。」[20]

通用曾為自2008年開始生產的小型車雪佛蘭科魯茲(Chevy Cruze)裝上柴油引擎。可是,科魯茲需要加裝一大堆昂貴的降低廢氣技術,才能符合加州的標準。「等一切完成,」路茨說,「車子銷售注定虧損……你在成本、性能,甚至燃油效益上做出那麼多犧牲,到頭來你還要問自己:值得嗎?」[21]

福斯工程師究竟知道什麼路茨百思不解的祕密呢?

丹・卡爾德(Dan Carder)找到了答案的第一部分。[22]卡爾德是西維吉尼亞大學(West Virginia University)替代燃料中心主任,他是個徹頭徹尾的引擎迷,大學時代就曾協助建造該中心的最初幾間引擎實驗室。他的碩士論文是關於柴油引擎微粒排放,並很快發展出新的排放測試法。

一九九〇年代末期,美國政府發現,重型柴油引擎製造商在廢氣排放上造假。他們改寫引擎的軟體程式,讓實驗室的測試結果有別於真正長途上路。製造商支付了龐大的罰款,並同意讓他們的引擎接受道路實測,而非只在實驗室進行測試。

　　於是卡爾德的工作方向跟著改變，他與團隊設計出攜帶型設備，可以裝在卡車上，測試實際開車時的廢氣排放。卡爾德先取得卡車車主的同意，然後花上好幾個小時的時間把他的測試設備裝在車上——那是一整套測量排放氣體與粒子的感應器。第二天早上天亮以前，他與司機們會面，一整天都和他們在一起，測試與調整他的設備。如果他沒得到所需要的數據，隔天還得重新再做一次。

　　後來，一個叫做「國際清潔運輸委員會」（International Council on Clean Transportation）的環境研究團體提出測試轎車的構想，卡爾德和他的團隊立刻抓住這個機會。一行人前往該中心常設在南加州的移動實驗室，參與這項計畫的研究生很高興有機會脫離西維州的寒冷冬天。抵達洛杉磯後，他們找來了三輛柴油車：福斯捷達（Jetta）、福斯帕薩特（Passat）和一台BMW。他們先執行一遍環境保護局的標準流程，以確保眼前三台都是正常車輛，沒有被前車主改過。他們先在實驗室裡進行測試，一切看來正常。接著，該讓車子上路，來測量它們排放的氣體和粒子了。

　　如果你以為這套測試設備看起來像附有螢幕的手提箱，你就大錯特錯了。為分析車子行進時排放的廢氣，研究人員塞入了一大堆測試設備要連上排氣管，滿到連後車廂都關不上。研究人員得另外加裝發電機，以避免加重車子電力系統的負擔。他們還曾被警察攔下，因為後車廂露出的設備很可疑。

「那還是在實驗階段，」[23]卡爾德告訴我們。結果，設備受不了車子的震動，電線和排氣管破了，發電機也損壞。「你得修復、調整、補好它，你得找到替代辦法。」

數據顯示出車子的行進效能以及造成多少污染，像是排放出多少一氧化氮等等。一氧化氮會形成霧霾和酸雨，破壞肺組織，造成呼吸問題。

BMW的廢氣排放符合研究人員的預期，但兩輛福斯汽車則另當別論。福斯汽車在實驗室測試時排放的氣體很乾淨，但上路後，它們排放出的一氧化氮超標**五到三十五倍**之多。[24]

這是非常大量的一氧化氮，可是現代引擎是個不透明的系統，而且當局有時會准許製造商超過排放限制以防引擎受損。卡爾德可以想到的是，他們測試的車子可能有技術性問題，或者福斯汽車在某些情況下有超出排放標準的豁免權。他企圖和福斯汽車討論這方面的問題，但沒什麼斬獲。到最後，雖然他很想知道是什麼原因導致這樣的測試結果，但他還是得放下。「我們的資金只夠完成研究計畫，」[25]他告訴我們。「不管結果如何，無論我們想多測試一點，還是少測試一點，最後我們都得付錢走人。」

對卡爾德的團隊來說，超標的一氧化氮排放量雖然啟人疑竇，但算不上什麼驚天動地的事情。他們只測試了三輛車子，並不想要過度聯想。研究報告結論只有以下不痛不癢的紀錄：

　　據悉，本測量活動只檢測了三輛車，每輛車的廢氣後處理技術或車輛製造商都很不相同；[26]因此，從數據推斷出的結論只適用於這三輛車。有限的數據無法為特定車種或後處理技術歸納出普遍適用的結論。

　　儘管這些結論輕描淡寫，其結果卻讓企業史上最大的醜聞因此曝光。

　　艾伯托‧艾亞拉（Alberto Ayala）是率先看懂這項發現的人之一。[27]艾亞拉掌管加州空氣資源局（California Air Resources Board, CARB）的一個部門，這是一個權力很大的環境管理機關。廢氣測試界關係密切，就在西維州研究人員展開測試的時候，艾亞拉准許他們使用CARB的設施，讓他們能夠在實驗室裡測量汽車的性能。他一直在注意他們的研究，當事實顯示，車子在路上行駛所排放的廢氣遠比實驗室裡的多，他決定他的團隊需要展開調查。

　　艾亞拉身為主管當局，擁有一大優勢，他和他的團隊可以在實驗室裡進行一大堆測試，然後請福斯汽車的工程師來釐清結果。他們也清楚福斯是否有任何免責權能夠解釋這些結果的差異。

　　在正常的實驗室測試中，汽車即使輪胎在轉動，還是維持在動力計上，測試者不會去注意駕駛是否轉動方向盤。但CARB的工程師特別觀察這一點，發現了一件奇怪的事情：轉動方向盤導致廢氣排放暴增。若站在車子旁邊用力前後搖晃車體，也會發生同樣的事情。在正常的測試情況下——引擎運轉、輪子轉動，但方向盤並不移動——排放符合規定。可是，當情況類似**實際駕駛**時，車子軟體便改變模式：雖然引擎性能更佳，但排放出的廢氣卻急遽增加。

艾亞拉和他的團隊慢慢地、有系統地排除其他解釋。「我們花了一年半的時間……我們做的不僅是上路測試，還進行許多調查，讓我們能真正深究發生了什麼事、為什麼發生，以及怎麼會發生。」[28]

艾亞拉的團隊迫使福斯主管承認事實：他們的車子加裝了「減效裝置」——泛指所有規避廢氣控制方法的官方說法。這是解開整個謎題的最後關鍵，通用汽車工程師百思不得其解的問題終於真相大白。福斯汽車在動力計上的表現與上路時大不相同，路茨苦苦尋求的「魔法」根本不是什麼工程創新，福斯只不過是決定走上舞弊的道路。它的柴油引擎運轉效能較高，但會排放出較多的有害物質。且該公司因為沒有加裝能降低有害物質的技術而能壓低成本[29]——每輛車約300歐元。

「裝置」一詞讓人想到引擎中的機械零件，但若你打開福斯汽車的引擎蓋，你看不到、也摸不到任何減效裝置。它全都存於電腦軟體中，而這套軟體及其複雜的原始碼又藏在看不見的地方。福斯公司深知當局側重實驗室測試——寧願間接觀察，而不是直接上路評估。這套系統擁有一切複雜性的元素：

是個內部工作異常複雜的黑盒子，只能間接測量出真相。

福斯汽車利用複雜性來造假，這和多年前的安隆公司很像。而且，如果不是外來者干預，它很可能永遠逍遙法外。

＊　　＊　　＊

這並不是福斯公司首次爆出醜聞。[30] 1993 年，福斯的工作狂執行長菲迪南・皮耶（Ferdinand Piëch）從通用汽車公司挖角明星主管荷西・羅佩茲（Jose Lopez）。羅佩茲曾在通用大砍成本，為公司省下幾十億美元。皮耶相信，羅佩茲也能為福斯做出同樣的貢獻。可是，當羅佩茲與其他三位高階主管一起離開通用時，通用卻指控他偷走七十大箱的機密文件。訴訟拖延了好幾年，福斯高層一直在擋媒體。最後，福斯支付 1 億美元，並同意向通用購買近 10 億美元的汽車零件，雙方才達成和解。董事長皮耶的做法在公司引起很大的爭議。

二〇〇〇年代中期醜聞再起。[31]《衛報》（*Gruadian*）頭版寫著：「賄賂、招妓、免費威而鋼：福斯案讓德國蒙羞」。報導內容簡直就像描述企業不法的八點檔：福斯主管使用「公司的賄賂基金請來高級妓女，並贊助貿易工會主管養情婦、請他們上妓院、送禮物給夫人團，甚至免費提供威而鋼。」除此之外，福斯公司還贈送 200 萬歐元的非法紅利給大權在握的工會會長。[32]

　　曾在二○○○年代中期主跑福斯公司的《金融時報》記者理查‧米爾恩（Richard Milne）回到德國狼堡採訪廢氣排放造假醜聞。[33]「公司員工早就做好隨時都有醜聞爆發的心理準備，因為福斯公司的文化和權力結構很有問題，」米爾恩告訴我們。「但是，我不認為會有人料想到，醜聞居然會和技術層面有關。這讓許多人跌破眼鏡，因為福斯一向以頂尖的工程技術著稱。我想，人們基本上認為爆發賄賂醜聞的機率是兩倍。」

　　然而，這一次卻是廢氣排放造假。通用公司的路茨能夠想像何以發生這種事情。他曾在福斯新款Golf發表會上與皮耶比鄰而坐。路茨很欣賞Golf零件嚴密的公差（容許偏差）——例如車門和車身之間的狹窄空間。他向皮耶表達他的讚賞：[34]

　　路茨：我希望我們的克萊斯勒也能趕上〔那樣的公差〕。

　　皮耶：我告訴你祕訣。我把全體工程師、行政人員、製造工人和主管叫來我的會議室。然後我說：「我厭倦了所有這些差勁的車體適性。你們有六個禮拜的時間做到世界級的車體適性。我有你們每個人的名字，如果我們無法在六個禮拜內達成，我就會一一把你們換掉。謝謝大家今天撥冗前來。」

　　路茨：你真的這麼做？

　　皮耶：是的，而且奏效了。

可是，福斯公司並沒有因為權威文化而吃到苦頭，誠如某位公司治理專家所說：「業界都知道福斯有個運作不善、結構鬆散的董事會：保守、封閉、嚴重內鬥。」[35]該公司二十個監督董事席位中，有十個保留給福斯員工，其他則分布在資深主管和大股東手上。皮耶和他曾任幼稚園老師的太太都是董事。**完全沒有外來者。**[36]

這種封閉作風並不止於董事會，就像米爾恩所說：「福斯以反外來者的文化在業界頗富惡名。該公司領導階層多數是同鄉。」[37]而且都來自於一個奇怪的地方：狼堡，此處也是福斯總部所在，基本上就是個企業城。「這真的是個非常特別的地方，」米爾恩說，「它位於漢諾瓦和柏林之間強風吹襲的平原，八十年前還不存在，但如今卻是全德國最富有的城市——拜福斯之賜。福斯滲透所有層面，他們有自己的肉販、自己的主題公園；在那裡擺脫不了福斯的影子。每個人都來自於這套系統。」

*　　*　　*

我們訪問丹·卡爾德已經過了好幾個月，還是會不斷回想當時的對話內容。我們問他是否想要繼續探究福斯汽車的廢氣排放問題，他回答：「我想不想要都不重要。」這是因為卡爾德的實驗室長期資金不足。福斯的道路測試非常複雜又昂貴，[38]卡爾德最後得從其他來源募得幾萬美元來資助計畫完成。他的團隊不會從福斯幾十億美元的和解金得到半毛錢。2016年，卡爾德獲選為《時代》雜誌百大最具影響力的人物，但他還是一直得想辦法支付他的研究、設備和人員。

這真是諷刺，因為像卡爾德這樣的人想要什麼和怎麼想**應該加以重視**，因為他們注意到內部人士所不能或不想看到的事情，能協助我們了解複雜系統。而且他們能夠提出棘手的問題，讓我們的系統保持安全與公正。就像查爾斯·佩羅所說的：「社會不該將組織封鎖起來。」[39]反之，我們應該開放我們的系統讓外來者進入，並聆聽他們告訴我們的事情。

異常正常化

1986年一個寒冷的早晨，「挑戰者號」太空船升空後不久就爆炸，[40]這項意外廣為人知，原本用來密封固體火箭助推器接合點的O形環因為氣溫過低而失效。工程師知道低溫會影響O形環，但前晚緊急召開會議討論後，他們決定照原定計畫發射。

根據傳統的解釋，NASA主管因為期限和製造壓力而堅持如期發射。但社會學家黛安·沃恩（Diane Vaughan）研究「挑戰者號」事故，發現了更耐人尋味的原因，她稱之為「異常正常化」（normalization of deviance）。[41]多年來NASA一直在努力克服太空船發射的複雜性，對於可接受危機的定義也逐漸悄悄改變。每一次發射，曾經是意料外的問題就愈來愈在意料中——最後變成可接受。主管和工程師往往看出系統的某部分有風險——例如固體火箭助推器的接合處——但還是在問題未解決的情況下就放行升空。

「證據往往一開始被視為異於正常表現，之後再次發生，就被解讀為在可接受的風險範圍內，」[42]沃恩觀察到。這樣的改變讓工程師和主管「屢次面臨出錯證據時，可以視為理所當然而繼續執行。」[43]以往的異常如今變成正常。

距「挑戰者號」升空的九年以前，負責建造固體火箭助推器的莫頓·蒂奧科爾航太公司（Morton Thiokol）裡的工程師建議重新設計接合處。接合處之所以必要，是因為助推器有十四層樓那麼高，無法整個直接運到發射台上。可是，重新設計的過程緩慢、預算又有限，因此工程師同時也嘗試各種修復辦法，並且安慰自己，每個接合處都受到第一層和第二層O型環的雙重保護。

災難發生的九個月前，O型環磨損影響了另一次「挑戰者號」發射，在同樣一款助推器上，第一層和第二層O型環嚴重磨損。蒂奧科爾公司工程師羅傑·伯斯喬立（Roger Boisjoly）寫了一份備忘錄給高層來強調這個問題。「關於接合處誤被接受的立場，是無懼失敗地升空，並進行一連串的設計評估，」[44]他寫道，「這個立場現在已徹底改變，若再有相同情況發生……可能會發生最嚴重的災難。」

　　除了蒂奧科爾公司工程師以外，NASA 裡也有人看出隱憂。一名叫做李察‧庫克（Richard Cook）的員工在災難發生的一年以前，就在備忘錄裡對O型環的問題提出警告。「有個小疑問，」庫克寫道，「那就是，飛行安全一直以來都籠罩在密封可能失敗的陰影下，而且若失敗出現在太空船發射時，絕對會造成重大災難。」[45]雖然庫克任職於NASA，他卻有外來者的觀點。他才來幾個月，而且他甚至不是工程師──他是個預算分析師。所以當他跟NASA工程師聊天時，對方都會毫無忌諱地與他分享他們的擔憂和結論，不會與他爭辯。對工程師來說，他是知己、而非敵人。齊美爾也曾在他的知名論文中寫道，異鄉人「往往最被大家坦承對待──人們對他坦誠一切的信心甚於更親密的人。」[46]

　　庫克將他聽到的擔憂寫進備忘錄，可是，他的警告──就像伯斯喬立和蒂奧科爾公司裡其他工程師一樣──未被加以理會。

　　1986年1月28日，「挑戰者號」發射。封住助推器右下方的O型環幾乎是立刻就破損，火焰從裡面射出，外部燃料艙起火。氧氣與氫氣開始外洩。發射後不過73秒的時間，外部燃料艙爆炸，「挑戰者號」在離地面10英里的上空化成一團火球。

向組織內部的外來者學習

「挑戰者號」事故發生的十七年之後，歷史再度重演。「哥倫比亞號」太空梭發射後不久，燃料槽的隔熱絕緣泡棉脫落、撞到左機翼，把太空梭的隔熱磚砸出一個洞。接下來的升空依舊順利進行，但「哥倫比亞號」重返大氣層的時候，超高溫的氣體灌入機翼，太空梭瓦解成數千個碎片。[47]

雖然兩次意外的工程細節不一樣，但背後的組織因素卻相似到令人發毛。早在「哥倫比亞號」意外發生很久以前，NASA就知道發泡絕緣體會脫落。事實上，在之前幾年，一直有脫落的泡綿打中機身的情況發生，因此每次發射前，都需要更換隔熱磚。可是NASA主管卻將它視為定期維修問題，對這項危險愈來愈習慣，異常正常化再度出擊。[48]

「哥倫比亞號」意外發生後，NASA知道必須做出改變，而且只處理泡綿脫落的問題顯然還不夠。許多問題都是組織方面的，就像意外調查委員會主席所說的：「我們非常確信，這些組織問題和泡綿脫落一樣重要。」[49]

NASA要求旗下研究中心找出對付異常正常化的方法，NASA的重要無人太空探索團隊「噴射推進實驗室」（JPL）裡的主管群借力於外來者。[50]就像中古義大利城鎮請外地人擔任法官一樣，JPL企圖減少偏見和牽連。可是，JPL的做法並非找來外部的顧問或審核人員，而是向組織**內部**的外來者學習。

　　JPL做的是全世界最複雜的工程工作，該單位的願景宣言是「挑戰一切可能」。說得正式點，就是「若非不可能，我們就沒興趣。」

　　多年來，JPL工程師也遭遇不少失敗。[51]例如，1999年他們損失了兩架飛往火星的太空船──一次是「火星極地著陸器」上的軟體出現問題，另一次則是因為沒弄清某項計算是使用英式還是公制系統。

　　經歷過這些失敗後，JPL主管們開始請外來者協助他們管理任務風險。他們成立風險評估委員會，請在JPL、NASA工作或約聘科學家和工程師擔任委員，這些人和評估的任務本身無關，也不認同執行任務者的假設。

　　可是，JPL高層希望更進一步，JPL所進行的每一項任務都有一位專案經理負責追求創新科學、同時又要謹守緊繃的預算，並達成艱鉅緊湊的時間表。專案經理如履薄冰，在重大壓力之下，他們設計與測試重要零件時可能抗拒不了走捷徑的誘惑。因此，資深領導者成立了工程技術管理局（ETA），以JPL內部的外來者為主軸。每項計畫都指派一位ETA工程師，來確保專案經理不會做出危及任務的決定。

　　如果ETA工程師與專案經理意見不同，他們就會把問題上呈給負責管理ETA計畫的巴拉特・邱達斯馬（Bharat Chudasama）。問題送到桌上後，邱達斯馬會試著找出一個技術性解決方案。他也會設法給專案經理更多經費、時間或人手。如果他無法解決問題，他會再上呈給他老闆，JPL的首席工程師。這種安排能確保ETA工程師有順暢的管道可以越過傳統官僚系統，把他們的考量提高到最高層級。

ETA工程師都是齊美爾所謂的異鄉人。他們夠專業、足以了解相關技術；夠接近、足以了解團隊，但又夠超然，足以帶來不同觀點。他們屬於組織的編制，但又有獨立的報告管道，專案經理無法不理他們的考量或無視他們的存在。

這項做法並不難，事實上，在組織內創造外來者由來已久。幾百年來，當羅馬天主教會在考慮是否封某人為聖者時，[52]是由助信者，也就是俗稱的魔鬼代理人來質疑封聖候選人的資格，以防做出任何匆促的決定。助信者在提出反對之前並不參與決策過程，所以他是不帶任何偏見的外來者，直接批判候選人的資格。

現代的例子則是位於阿曼的以色列軍事情報局所設立的「魔鬼代言人辦公室」，這個特別單位由高階軍官所組成，他們的職責就是批評其他部門的評估結果，並考量完全不同的假設。他們玩味最差情況的可能性，質疑國防機構的觀點。他們的備忘錄繞過情報局的指揮鏈，直接上呈所有重要決策者。「創造力」通常不是描述軍事情報分析時會先想到的字詞，但誠如情報局某前任主管所說，「魔鬼代言人辦公室確保阿曼的情報評估富創造力，不會成為群體思維的犧牲品。」[53]

　　體運專欄作家比爾‧西蒙斯（Bill Simmons）認為，運動隊伍也需要採行類似做法。「我愈來愈堅信，每個職業運動隊伍都需要雇一位常識副總裁，」[54]西蒙斯寫道。「重點是：常識副總裁不開會、不去物色優秀選手、不看影片，也不聆聽任何內部資訊或意見；他過著一般球迷的生活。團隊要做重大決策時才找他來，攤開一切，等待他做出公正的反應。」

　　這些做法都擁有相同的基本原則：[55]將某些人排除在決策過程之外，好讓他們能帶進外來者的觀點，找出內部人士會錯失的問題，而且不需要是大型組織都可以使用這個辦法。

　　讓我們來看看莎夏‧羅布森（Sasha Robson）的例子。[56]幾年前，這位多倫多的年輕律師想買一間公寓，這將是她人生中的第一間房子。經過五個禮拜密集的看屋，莎夏終於在一個汗流浹背的夏日，看中一間俯瞰安大略湖的高層公寓。她滿懷期待地沿著湖岸走向公寓大樓，一面享用冰咖啡、感受湖面吹來的輕風拂面。公寓裡裝飾著貝殼、海灘照片，還有一個很酷的復古衝浪板。「它聞起來就像海濱別墅，有海水和椰子冰淇淋的味道，感受到完全放鬆的氛圍，」莎夏告訴我們。漂亮的陽台上還種著一棵枝葉茂盛的檸檬樹，花盆裡滿是新鮮香草植物。看過整間公寓後，莎夏和仲介又參觀了大樓其他地方，包括公共空間和一座大型的室外游泳池。她看到有位年輕女子躺在游泳池旁的躺椅上一面看書、一面享受午後陽光。「就在這一刻，我決定這就是我要的公寓、我要過的生活。」此外，時

機也正好；莎夏已經厭倦看房的過程，而且開始對每個週末都
帶她看屋的仲介心生罪惡感。

　　不過，在做出最後決定之前，她把公寓簡介傳給她的好友
克莉絲提娜，後者在多倫多住了十年，最近才剛搬到歐洲。為
避免讓克莉絲提娜有先入為主的偏見，莎夏不僅寄上湖濱公寓
的介紹，還附上另外四間在同一個價格區間的公寓，而且沒有
表明自己喜歡哪一間。

　　克莉絲提娜在幾個小時之後回了信，她的答案出乎意料之
外：五間公寓之中，她把莎夏的夢想公寓排在第四。「戶外游
泳池好像很棒，但別忘了這裡是多倫多，」克莉絲提娜寫道。
「你在七月能做的事不代表你全年都能做。」她還覺得以這樣
的價格來看，空間太小，而且擔心周遭很快就會蓋起大樓，擋
住湖岸視野。

　　克莉絲提娜的第一選擇反而是一間位於市區、空間較大、
格局較好的公寓。莎夏一個禮拜前看過那間公寓，可是當時還
有兩名學生房客住在裡面，內部看起來很雜亂，她無法想像自
己住在裡面。可是，克莉絲提娜的回信讓她發現，長遠來看，
這間公寓才是較好的選擇。她最後買了市區這間公寓，直到現
在還住在那裡。

　　「讀到克莉絲提娜的信，當下真的很痛苦，可是她提出的
是個好建議——把我從我的海灘幻想中拉回現實，」莎夏告訴
我們。「克莉絲提娜沒有參與我的找屋過程，她不知道我有多

疲累，她也沒看到那間湖濱公寓裡的美麗裝飾。她人在幾千英里之外，她只能以外來者的角色，冷淡又理性地看待這間公寓──這是我做不到的。」

---- 第 **十** 章 ----

意外狀況！

「你以為是走廊，結果是一道牆。」

抗拒「不計代價抵達」

史蒂夫・賈伯斯勃然大怒。他來回踱步、火冒三丈。他想趕快起飛，坐著派珀飛機公司（Piper）為他和蘋果公司執行長麥克・馬庫拉（Mike Markkula）提供的四人座包機，離開這個塵土飛揚的卡梅谷機場（Carmel Valley Airport）。他習慣別人總是順著他。

爭執的緣由是，派珀公司二十歲的飛行員布萊恩・許夫（Brian Schiff）載著兩位乘客和一大堆他們想要攜帶的設備，發現超重了。[1]他們有太多行李，而小包機只能乘載一定的重量。

不僅如此，當天還是個炎熱的夏季午後。你應記得高中物理課教的熱脹冷縮原理，這也是熱氣球能飛行、蒸氣從沸水冒出的原因。這種現象使得熱天對小飛機非常不利，讓它難以起飛。流過機翼的空氣不足,而空氣稀薄代表氧氣不足,所以飛機引擎效能降低——消耗不了太多燃油。更糟糕的是,卡梅谷機場的跑道很短,有三側都是較高的地勢,因此飛機起飛後需要迅速爬升。布萊恩的直覺告訴他,一切都會不順利。

布萊恩沒有逕自裝載貨物行李、做最好的打算,而是決定將所有重量加總、計算出飛機的性能,這是每位機師都學過的事情,但很少有人在起飛前確實做這件事。

「我要做一些運算,」布萊恩告訴賈伯斯和馬庫拉。「我不確定硬要起飛是否安全。」

賈伯斯就是在這個時候大發雷霆。布萊恩到今天還記得那一刻:

　　我還清楚記得自己拿著飛行手冊計算機翼的重量和平衡。當然,天氣高溫炎熱,我汗流浹背,更添壓力。此時史蒂夫‧賈伯斯從我的肩膀望出去,似乎能看到我在看什麼,似乎在詢問到底能不能起飛。感覺他有點在催我:「欸,你覺得怎麼樣?你覺得怎麼樣?我們可以走了嗎?我們可以走了嗎?」

　　我只是個年輕小夥子,看起來還像個小孩子,而賈伯斯……盛氣凌人,你知道嗎?他就是這樣。而我只是——我很緊張,如果說我的手沒有發抖,那是騙人的。

布萊恩的計算證實了他的直覺。他們可以勉強起飛，但是很冒險。他一向被教導要預留很大的安全空間，而當天情況並非如此。

他告訴賈伯斯和馬庫拉他們不能起飛。賈伯斯暴跳如雷，堅信他們能安全起飛：「我們上個禮拜才飛過。」

可是布萊恩可不妥協。「你知道，上個禮拜不是我飛，」他告訴賈伯斯。「我不知道你們之前帶了多少行李，我也不知道當時的氣溫或風力，我對於上個禮拜的一切細節毫無所知。我只能告訴你，依今天的情況我做不到。」

布萊恩真的是很敢，馬庫拉擁有整家包機公司，是他的老闆，而賈伯斯則是矽谷之神。點頭答應要容易得多，只要上貨、上機、起飛就可以了。布萊恩勇敢反抗，甘冒被開除的風險，但他知道有比他的工作還重要的事情。「我寧願丟了工作、保住性命，也不要為了保住工作而讓自己或任何人傷亡。」

布萊恩提出解決辦法：他一人飛到鄰近的蒙特利機場（Monterey airport），那裡的跑道長、氣溫較低，又是頂風、沒有阻礙。該機場所有的條件都是有利的。乘客只要花二十五分鐘的車程到那裡與他會合就可以了。

賈伯斯暴怒，但馬庫拉說服他做出妥協。於是，三人在蒙特利機場會合。一路上除了氣氛緊張之外，飛行倒是很順利，最後抵達聖荷西，沒有人再有任何意見。

　　落地後，賈伯斯怒氣沖沖走下飛機。布萊恩忙著卸貨時，有個地勤人員走過來對他說：「布萊恩──馬庫拉請你去他辦公室。」

　　「該來的還是要來，我玩完了，」布萊恩心想。「但我不在乎，我知道我做的是對的事情。」在到馬庫拉辦公室的路上，布萊恩做了最壞的打算。

　　兩人的會面內容如下：

馬庫拉：布萊恩，請坐……我們付你多少錢飛包機？
布萊恩：日薪50美元。
馬庫拉：聽著，願意為了安全考量而違抗史蒂夫‧賈伯斯
　　　　的人，正是我們要延攬的人才。我們要付你雙倍
　　　　薪水。沒多少人有勇氣和信念膽敢抗命、不讓他
　　　　離開。我以你為傲。

　　我們和布萊恩談到那一天的情況時，他很開心地憶起往事。「整件事讓我非常沮喪。我心想，如果馬庫拉真的把我開除、大罵一頓，我今天也許就不會當上客機機長了。那是我人生的叉路。因為做對的事情而被嘉獎，更堅定了我的信念。

　　「在賈伯斯面前，唯命是從要容易得多。『您說的是，我們出發吧。』這種情況常常發生，太常發生──因此才會發生事故。」

　　可是布萊恩不急著服從，而是從容地修改他的計畫。在複雜的系統中，這往往才是應該要有的做事態度。暫停讓我們有機會了解情況，決定該如何修改方向。但即使我們做得到，還是未能停頓一下。即使原本的計畫已經不合現況，我們還是堅持執行。

　　飛行員稱這種情況為「**不計代價抵達**」，正式名稱則為「**計畫繼續偏誤**」，它是飛機事故的常見因素。[2] 飛行員也許注意到應該放棄原定計畫、改飛其他機場的警訊——天氣變糟、燃料不足——但當目的地機場只有五十分鐘之遙，要改向實在困難。

　　「不計代價抵達」效應影響的不僅是飛行員，也影響我們所有人。我們太執著於到達目的地——無論「目的地」是機場，還是完成某個大計畫——甚至當情況改變時，我們也無法罷手。加拿大一位年經的資訊科技顧問丹尼爾‧川布雷（Daniel Tremblay）在執行新商業軟體發展計畫時，就經歷過「不計代價抵達」效應。[3]「我們早該知道計畫已不適合繼續執行下去，因為進行到一半就發現客戶反應不熱烈，甚至是非常冷淡，」他告訴我們。「就連那些一向只說好話的客戶都告訴我們這不是個好主意。」

　　即使出現這些警訊，團隊還是執意進行下去。「我們認為我們就要完成，」川布雷回憶道。「我們心想，好吧！只要再兩、三個禮拜，再努力熬夜幾次，就大功告成了。現在可不能作罷！」可是該計畫花了更長的時間，到最後，已經沒有人有興趣購買完成品了。川布雷也因此丟了工作。「這項計畫徹底失敗，我還是不懂當時我們是怎麼想的，」他告訴我們。「就像是我們已看到隧道出口的光線，沒有辦法停下腳步了。但我們為什麼一開始要走進隧道那麼遠呢？」

計畫持續偏誤有辦法避免嗎？布萊恩‧許夫的父親是獲勳飛行員，也是個著作頗豐的航空安全專欄作家，布萊恩自小就學到抗拒「不計代價抵達」的重要性。然而，我們能不能把它應用在組織裡呢？

個人反饋當然很有用。馬庫拉出乎意外的正面反應，成為布萊恩職涯中的關鍵時刻。可是如果讚美是公開的，則效果更好──讓組織內部每個人都知道。請看以下由組織研究專家凱薩琳‧庭絲莉（Catherine Tinsley）、羅賓‧迪倫（Robin Dillon）和彼得‧麥德森（Peter Madsen）分享的故事：[4]

> 一架航空母艦上的服役水手在作戰演習期間，發現他在甲板上丟了一把工具。他知道亂放的工具如果被吸進戰機引擎，將引起大災難；他也知道向上級承認錯誤將導致演習中止──以及可能受到處分……他向上級報告了這項錯誤，演習立刻停止，已升空的戰機全都改降地面基地，付出了很大的代價。然後，這名水手並未受到處分，他的長官反而在正式儀式中表揚他勇於認錯。

正式儀式！這是很了不得的反應。表揚這傢伙犯下愚蠢錯誤，害得我們得取消演習，在偌大的甲板上搜尋一把小小的工具！這種事會發生在你的單位嗎？要是有人要你中止所有工作、放棄你的計畫，只因為他犯了一個無心之過，你會大肆讚揚嗎？

甲板上的表揚儀式這種象徵性的姿態能夠傳達有力的訊息：如果你看到繼續進行會有問題，就趕快叫停——或者請上司或同事加以阻止。在複雜、耦合緊密的系統中，停止能夠防止災難發生，讓我們有機會注意到非預期的威脅，在事情完全失控之前，找出處理方法。

可是，有的時候停止並不可行。我們面對的系統也許耦合太過緊密，要是不繼續下去，就可能立刻瓦解。重要手術進行到一半、或企圖救回已失控的核子反應爐，或是飛機失速，我們都無法暫停。那麼這時該怎麼辦呢？

提出策略、監測、診斷

一名有氣喘病史的小男孩被送到中西部一間兒童醫院的急診室。[5]他呼吸困難，而且情況愈來愈嚴重。送到醫院幾分鐘後，他的呼吸完全停止。急救床上，醫生把面罩復甦器戴在男童臉上，開始把空氣擠入他的肺裡。突然間，男童的脈搏也停止了。急診團隊——三位醫生和五位護士——開始做心肺復甦術，持續了一分半，還是沒有脈搏。面罩復甦器也沒什麼用，男童的胸部並未鼓起。醫護人員百思不解。這孩子究竟是怎麼了？

他們為男孩插管，將呼吸管從他的喉嚨插入。為他插管的醫生可以清楚看到他的聲帶，呼吸管順利插入，沒有異物阻塞他的呼吸道，可是幾分鐘過去，他的胸部依舊沒有鼓起。「毫無效果。」一名護士說。

他們拉出呼吸管，又開始使用面罩復甦器。沒有鼓起、沒有下降。時間一分一秒過去，急救團隊愈來愈感絕望。最後，他們決定使用電擊器，但還是沒有脈搏、胸部也沒動靜。「繼續急救下去。」一名醫生說。無效的急救又持續了三分鐘。

最後，一名護士回想協助呼吸失敗記憶法：DOPE。D代表呼吸管位置放錯或移位，不過此時呼吸管確定是在正確位置。O代表阻礙──有東西擋住呼吸管──應該也沒有這個問題。P代表氣胸，也就是肺泡破裂，但急救團隊已排除這個原因。只剩下唯一一種可能，「E，設備！」護士大叫。「我們的設備故障！」

她說對了。面罩復甦器（或簡稱袋閥）壞了。雖然它看起來沒問題，但卻擠不出氧氣。可是，等到急救團隊發現問題、更換袋閥時，男童已經缺氧超過十分鐘。在現實中，他應該已經死亡。還好，這只是急診室訓練計畫的演習之一。病童並非真人，只是醫學院假人，它被連上大型電腦，以模擬真正病人的生理反應。

　　所有急救團隊都接受同樣的模擬訓練：有氣喘病史的男童被送到醫院、後來呼吸停止。而所有的急救團隊都面臨相同的意外：面罩復甦器壞了。可是只有幾個團隊及時解決這個問題。

　　這項模擬訓練包含非常緊密的耦合和高複雜性。他們在跟時間賽跑。病人失去意識，醫護人員必須靠他們所看見、聽到與感覺到的來判斷哪裡有問題。由於所有團隊面臨相同的意外事件，訓練結果非常具有參考性，可以看出各個團隊如何在壓力下處理複雜危機。

　　為什麼某些團隊能發現設備問題、救了男童一命呢？他們做了什麼其他團隊沒做到的事情呢？為找出答案，從醫生轉任多倫多大學管理學者的瑪爾里斯・克里斯提森（Marlys Christianson）花了很長的時間，費心分析各團隊的急救影片。

　　有幾個團隊很快發現問題——例如，有組員很快就注意到袋閥的聲音或操作感覺不對勁。「這些團隊很幸運有這樣的組員在對的時間出現在對的地點，」克里斯提森告訴我們。「最快發現問題的團隊，是一位護士壓擠袋閥幾次後，說：『這沒有用，它壞了！』於是她直接把它越過頭頂丟到後面——像顆足球般旋轉落地——然後再拿出一個新袋閥。」

　　可是，多數團隊都沒有立刻找到答案。他們錯過提示，朝錯誤的方向努力——就像我們在危機中常常會做的一樣。到最

後，只有大約半數的團隊能夠克服一開始的錯誤，其他團隊則
從頭到尾都沒發現袋閥破了。

是什麼造成這些不同的表現呢？克里斯提森表示：

> 看起來，重要的是，一個團隊能否在照顧病患與理解
> 情況之間取得平衡。顯然地，急救團隊需要持續進行急救
> ——像是心肺復甦和給藥等等——完全停止急救來判斷情
> 勢是個壞主意。可是，全力急救、不停下來了解情況也不
> 行。有些團隊變得只執著於兩者之一。

反之，表現最佳的團隊找到了平衡。[6]「他們不僅專心合
作急救，還會這麼說：『你們知道嗎，我們能不能停下一秒
鐘？你們覺得有沒有其他問題？讓我們來檢查一下！』」克里
斯提森告訴我們。「最引人注目的是，這些團隊的做法有個固
定模式——也可以說循環——他們會從任務、監測、到診斷，
然後再回到任務，如此循環下去。」

克里斯提森所說的循環往往從急救開始，例如為病人做心
肺復甦術。下一步是監測：檢查急救是否有效果，如果沒有，
就進入下一步，找出其他可能診斷。然後，如果需要再**做**些什
麼，就回到第一步——例如用藥或更換袋閥——來測試你的新
理論。

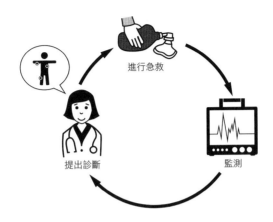

進行急救

監測

提出診斷

　　「觀察那些有效執行的團隊，你會發現他們都依照這個循環，而且往往在多次循環當中、迅速檢視各種診斷，」克里斯提森告訴我們。「這是個快速的循環——迅速輪流執行所有步驟，以便在短時間內測試多種診斷。」

　　若組員能說出在每一步驟所想與所做的內容，則快速循環的效果更好。「幾個表現最佳的團隊，」克里斯提森指出，「組員都會大聲溝通，說：『嘿，如果這個人有這種問題，那麼我們應該會看到幾個變化，像是血壓或氧氣飽和度等等。』」這種現場講述能讓每個人清楚其他人的想法，協助團隊迅速進入下一個步驟。

　　在那些成功解決問題的團隊中，都出現以下對話模式——黑點表示關於急救、監測或診斷的會話。

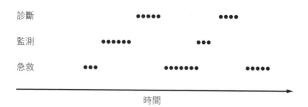

這些團隊談論急救的進行，接著討論從結果中監測到的結論，再思考出新的診斷。然後再回到急救上面。

可是還是有許多團隊沒有完成這個循環。「表現不佳的團隊往往在急救工作上進行冗長的對話，」克里斯提森說。「或者他們根本沒有進行到診斷這個步驟——他們只是急救、監測，再回到急救。所以他們根本沒有找到真正原因。」

* * *

在醫院模擬演練中，時間是以分秒計算，可是，把時間拉長到幾個星期、甚或幾個月，克里斯提森的發現同樣適用。如果你曾經參與過大型的重要計畫，你就會知道有多容易會被任務弄得焦頭爛額，總是會冒出緊急事情要處理，完成期限又迫在眉睫。某個任務好不容易完成，下一個期限又快到了。永遠沒時間停頓一下，很容易忽略大局。我們一味埋頭苦幹，專心完成任務，繼續趕進度。

還記得塔吉特百貨進軍加拿大的事情嗎？商業記者喬·卡

斯塔多指出：「每個人都知道，第一家分店開幕是一大災難，公司必須先停止展店，才能修復營運問題，可是沒有人真的說出口。」[7]大家都只是專心忙著手邊的任務，繼續向前衝——很像那些終究沒發現袋閥壞掉的急診室團隊。

然而，還有更好的辦法。讓我們看看外國公司進軍中國的情況。專家預估，會有近半數的外國公司將在兩年內撤出。這是很殘忍的統計數字，但卻隱藏著一個重要的事實。「有些公司長期不見得會失敗，」[8]專精中國市場的管理教授克里斯‧孟睿斯（Chris Marquis）指出。「許多公司——包括大型跨國企業——在初期犯錯、損失慘重，甚至因此退出。但有些公司則能夠重新佈局、調整做法。」

以美商玩具公司美泰兒（Mattel）為例。2009年美泰兒在上海開了芭比娃娃旗艦店。這家斥資數百萬美元的芭比屋，暗粉紅色的六層樓建築，裡面展售了全世界最多的芭比娃娃，自此該公司一直艱苦經營，兩年後結束營業。以下是孟睿斯和合著者楊一靖所寫的內容：[9]

該公司誠心想打入當地市場，準備設計出一個叫做「玲」的亞洲娃娃。可是，公司的市場研究人員卻沒想到，中國女童喜歡金髮芭比、而不喜歡那個長得像他們自己的娃娃。

這是個令人不悅的意外消息，就像急診室的面罩復甦器一樣，以「玲」為主力的策略**應該**要奏效的。

不過，美泰兒並沒有在錯誤的決策上執著太久，高層主管使用了一個方法，和克里斯提森在醫院演練中注意到的循環做法很像。他們監測情況、發現他們的做法明顯錯誤，便想出新的市場評估方式——新診斷——並重新進軍中國加以測試。這一次，美泰兒拉低娃娃的售價，並推出「芭比小提琴家」——除了有金髮芭比以外，還附上一把小提琴、琴弓和琴譜。

拿著小提琴的芭比娃娃和新售價都很合父母的喜好，「美泰兒開始明白，中國父母希望他們的子女接受良好教育、儀容整潔，」[10]中國消費者趨勢專家王海倫指出。「芭比小提琴家」

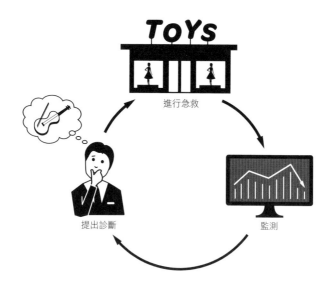

進行急救

提出診斷

監測

恰好符合這樣的心態。虎媽們趨之若鶩，希望她們的女兒會想要跟芭比一樣。」

儘管許多大企業首戰失利後就撤出中國，但美泰兒並未輕易放棄，但它也沒有堅持最初的判斷，反而像之前提過那些表現最佳的急診團隊一樣，持續進行循環中的各個步驟。

類似流程對於現代家庭生活也很有用。「我們家有四個小孩、八隻寵物，生活總是一團糟，」大衛和愛蓮諾·史塔（David and Eleanor Starrs）夫妻寫道，兩人合寫的這篇文章有個苦中作樂的標題：[11]「持家之捷徑：子女與父母迭代循環。」多年來，史塔一家一直陷在孩子、外套、寵物、便當等雜事充斥的旋風當中。例如，讓小孩準備上學往往變成惡夢。不過，他們並不屈服於現狀，決定後退一步。全家人開始在每周日晚上舉行家庭會議，此舉改變了一切。

每次會議率先討論三大問題：

一、本周哪些事進行順利？
二、下周有哪些事應該改進？
三、我們下周要致力做出那些改變？

以前沒有開家庭會議的時候，他們只是盡量完成事到臨頭的工作。然而，現在他們可以完成更多事情；他們有辦法完成循環。他們隨時檢視哪些做法有效、哪些無效，以及哪些能夠改進。他們每個禮拜進行監測、診斷問題,並想出新策略來實際嘗試。此外,他們不只設想他們的解決辦法能否奏效,而且每週都會重複循環。因此,他們試了許許多多的辦法——從訂定晨間清單,到獎勵優良表現——並且持續修改他們的系統。史塔一家想出的辦法也許都很顯而易見,我們自己也都嘗試過,但是重點在於細節。唯有從不斷循環當中,才能對這些細節有所領悟。

史塔一家展開實驗幾年後,《紐約時報》專欄作家布魯斯·費勒(Bruce Feiler)登門拜訪。他看到了一個許多父母都會羨慕的早晨場景:愛蓮諾坐在躺椅上喝著咖啡、與孩子們閒聊,而大家各自進行他們的晨間例行事項。孩子們為自己準備早餐、餵寵物吃飯、做家事、準備上學的用品,然後出門坐公車。費勒感到非常驚訝:「這是我看過最令人嘖嘖稱奇的家庭動態。」[12]

現代家庭也像急診團隊和企業一樣,不是每件事都知道該怎麼做。可是,我們有能力去**嘗試**、觀察哪些奏效,並且重新評估。這是一樣的迭代過程,[13]只不過我們監測的不是生命徵象或銷售數字,而是日常生活的瑣事。

知道其他所有人的工作

特警隊花了很多時間準備這次襲擊。[14]首先,警官們對於疑似毒窟的房子徹底加以了解，他們研究所有能弄到手的照片、影片和平面圖，記下每一個房間、每一個轉彎。然後他們針對如何進入，以及每個人往哪裡走想出一個鉅細靡遺的計畫，並且持續演練、不斷修改，直到每個人對於計畫內容記得滾瓜爛熟為止。突襲日終於到來，他們準備好了。可是，當他們一撞開大門，便發現事情不對勁。**裡面跟平面圖完全不一樣**。嫌犯修改過內部空間，因此各個房間並不在原來的位置。這真是個糟糕的意外。就像其中一名警官所說的：「你以為是走廊，結果是一道牆。」

在某個獨立製片的驚悚電影片場，電影工作人員準備要拍一個謀殺場景：大宅頂樓有人倒在按摩浴缸、觸電而亡。然而，工作人員忘了一個重要細節。他們把浴缸注滿水，當演員倒進浴缸，水滿了出來、流到地上，然後順著大宅入口的玻璃吊燈一路流下來。製作助理透過對講機大罵：「我人在一樓，水流到我頭上了！」接著便一片漆黑，漏水讓整棟房子跳電了。

特警隊和電影工作人員隨時都要面對出其不意之事。當預料之外的事情發生，他們不會叫停。房屋配置與預期不同，特警隊依舊繼續執行任務。突然斷電，電影工作人員也會盡量設法繼續拍攝。在這些領域，意外之事是工作中的正常部分，人們也都很善於應變。他們是怎麼做到的？

為回答這個問題，管理學者貝絲・貝屈基（Beth Bechky）

與傑拉爾多‧歐庫森（Gerardo Okhuysen）研究特警隊和電影工作人員的工作習慣。歐庫森負責訪問特警隊員，並暗中觀察他們在任務簡介和訓練過程中的表現。貝屈基則假扮製作助理，記錄所有觀察。

之後，兩位研究人員交換觀察結果，他們發現一個共通點。在兩種案例中，人們隨時準備好轉變角色來做應變。想想特警隊要如何處理類似上述的情況──進入屋內，發現事情與他們預期的不同。以下是研究人員的描述：

> 〔特警隊警官〕葛蘭談到隊員在攻堅路線上踢到沙發會有多吃驚。[15] 一般來說，打頭陣的攻堅小組隊長會向前急衝、將占領區域擴展到最大。可是，這樣一來沙發是個很危險的障礙物，因為，就像葛蘭所說：「沙發的另一邊可能有人埋伏。」接著，他描述隊員如何利用角色轉變來應付意外情況。葛蘭沒有依照計畫跑到右邊，而是改往左跑，並停在能夠「包夾」整個沙發的有利地點。而原本衝第二、負責往左跑的隊員彼得則立刻繞過沙發跑向右邊，並在葛蘭的掩護之下執行原本分配給葛蘭的任務。

換句話說，攻堅小組馬上改變計畫，而這種快速的角色改變並不需要透過言語交談，彼得非常清楚葛蘭原本的任務內容是什麼。就像葛蘭所說：「我們知道**每個人**該做什麼。」

　　角色改變在電影拍攝地點更是常見。意外狀況出現，致使工作人員無法拍攝當天排定的場景。轉拍另一個場景需要人們彈性來往於不同的工作內容。有時候會遇到重要的工作人員因為生病或個人因素而請假，但每天的拍攝成本非常昂貴、進度也排得很緊，不能因此停拍。

　　以下是貝屈基描述他在兩位電影工作人員對話中聽到的事情，這兩人前一周末才在水庫旁拍了一個廣告：[16]

　　　〔其中一位工作人員〕應徵上的是製作助理的職務，但最後卻連道具的工作都得做，而另一人應徵上的是製作統籌，但同樣也得兼當司機（這工作通常是由公司司機來做）。第三位工作人員負責整個部門的美術指導，另外還得去佈景組幫忙。就像其中一人所形容的：「他們在某天下午無意中看到他，就說：『我們要你馬上去製作綠藻。』」

你的職稱是什麼並不重要——你需要馬上去製作綠藻！

　　還有一次拍攝，空中攝影技師曠職，現場一度不知所措，但沒有停滯太久。[17]「你會操作這台攝影機嗎？」攝影師問大家。有人說他會，於是他就變成空中攝影技師。當然，這表示這個人**原本的**工作就出缺了。但此時又有其他人臨時能代替，於是拍攝工作就繼續進行。

然而，角色改變這件事說比做容易得多。顯然地，它需要同一團隊裡有許多人知道如何做某個特定工作，也意味者每一個人都得了解各種任務在大局中的功能與位置。

在電影產業中，這方面的知識來自於人們自然在職涯中的進步與發展，許多菜鳥都是從製作助理做起，並且支援各組工作，從服裝、燈光到音響都有。還有人在短短幾個月的時間做過的工作就已橫跨各組，某位製作統籌曾說：「如果我當製作，則我正往這條路發展。如果我想當助理導演，我也正往那個方向努力。身為製作統籌曝光率很高，你有機會做很多事情。」[18]

特警隊透過交叉訓練所得到的成果也是同樣的道理。例如，新來的隊員就算不打算成為狙擊手，也一樣需要學會使用狙擊槍和望遠鏡；他們不需要成為神射手，但還是得了解狙擊手的視野及技巧。如同某位特警隊隊員所說：「你應該要知道其他所有人的工作。」[19]

知道其他所有人的工作？我們一般不會做到這一點，事實上，還正好相反。以下是知名設計顧問公司IDEO執行長提姆・布朗（Tim Brown）的高見：[20]

多數企業擁有許多專長各異的員工。問題出在大家一起解決相同問題的時候，如果他們各自擁有不同的技巧……就很難合作無間。每一個專業領域會有它自己的觀點。基本上就是大家圍桌談判，看誰的觀點勝出。最好的結果，就是在所有觀點中獲得最低共識而進入灰色的妥協地帶。結果絕不會亮麗，頂多一般水準而已。

頂多一般水準——聽起來不算太糟，而且在正常的情況下，也應該不會有什麼問題。可是當那些沒受過交叉訓練的團隊在複雜系統中遇到意外狀況時，就可能發生系統崩潰。這是臉書在納斯達克（Nasdaq）首次公開發行（IPO）後學到的教訓。[21]請看以下新聞標題：

臉書IPO：是怎麼%\$#!的一回事？

納斯達克為臉書IPO大感「尷尬」

一分一秒，納斯達克生吞臉書IPO

納斯達克：「傲慢」讓臉書IPO慘敗

開始交易前的幾個禮拜，銀行家四處奔走、宣傳臉書股票，讓該公司最後市值超過一千億美元。臉書的主要證券交易所納斯達克也花了好幾個禮拜的時間測試系統，確保能夠處理可望是IPO史上最熱絡的交易。

　　2012年5月18日早上十一點零五分，納斯達克準備好透過它稱為集合開盤的流程開始交易第一張股票。集合交易類似競價拍賣——買賣雙方各自下單後，再由納斯達克計算出造成最多轉手張數的價格。

　　開始交易時間逼近，已經流入數十萬張訂單，熱烈情況就像一群賭徒搶在鳴槍之前、下注會跑第一的賽馬一樣。可是，十一點零五分到了，依舊毫無動靜，沒有人知道原因。

　　數十億美元等著買賣、開盤時間已經到了，納斯達克主管還焦頭爛額地尋找問題何在。他們召開緊急視訊會議想要解決問題，但他們原本就不了解這項科技是如何運作，而納斯達克遇到的顯然是科技失靈。幾分鐘後，一群程式設計師——不是參加視訊會議的那些人——將問題縮小到一個叫做驗證檢查的功能上。

　　幾年以前，程式設計師在寫執行交易的電腦程式時，加入了驗證檢查，這是個獨立計算有多少股票會在開盤時交易的安全功能。5月18號那天，交易程式和驗證檢查不相符，因此無法開始交易。

　　工程師將這項發現告訴他們的主管，也就是管理交易科技集團的資深副總裁。在那之前，這位資深副總裁從沒聽過驗證檢查，但他還是把這個問題轉達給其他主管。視訊會議上最資深的納斯達克高層要他設法讓程式設計師盡快開盤。

　　以下是證券交易委員會對之後情況的描述：[22]

　　首先，納斯達克企圖改變IPO配對系統的命令來覆蓋驗證檢查，結果未能成功。接著，工程師告訴資深副總裁，他們相信有個辦法能完成交易，那就是，**移除好幾行關於驗證檢查功能的程式語言。**

　　這是個激烈的手段，即使沒有一位主管了解驗證檢查怎麼會阻止價格配對的執行，他們還是希望程式設計師去改變系統——愈快愈好——來略過驗證檢查。

　　五分鐘後，程式設計師移除了驗證檢查，交易開始進行。可是，納斯達克的系統極其複雜，這個應急之策造成了一連串的失靈。結果是，他們把驗證檢查給修正了：裡面有個程式錯誤，導致系統開盤時對訂單完全沒有反應達**二十分鐘**之久，這在華爾街已是相當於一輩子的時間了。交易開始時，投資人共買了30億美元的臉書股票，但有好幾個小時的時間，納斯達克完全不知道交易人買了多少股，交易人怪罪納斯達克害他們損失上億元，而納斯達克本身雖然依法不得自行交易，但也意外地賣出了1.25億美元的臉書股票。這項錯誤為納斯達克招致訴訟、罰鍰和嘲笑。

　　特警隊隊員練習使用狙擊槍，以了解狙擊手的視野。訓練師告訴他們，他們必須對於**其他所有人**的工作要有概念，納斯達克主管也需要這樣的訓練。他們不需要成為程式設計師，也不需要學會為驗證檢查寫電腦程式語言，但他們**確實**需要知道那是什麼——以及他們為什麼不能直接刪除它。

特警隊：你以為是走廊，結果是一道牆。

納斯達克：你以為開始交易，結果被驗證檢查擋下。

特警隊想出如何繞牆前進，納斯達克主管卻企圖破牆而入。

崩潰的黃金年代

> 「墜入墮落之境。」

葉慈（W. B. Yeats）在一次世界大戰後寫出他最著名的末日詩篇，「二度降臨」（The Second Coming）。[1]近年來這首詩突然在報紙和社交媒體被大量引用，第一段尤其受到歡迎：

> 盤旋又盤旋於益增的迴圈
> 獵鷹聽不見訓鷹者的呼喚；
> 萬物崩解；核心無所持；
> 只剩混亂充斥世間，
> 暗紅血潮橫流，四方
> 純真之禮遭滅頂；
> 善人信念盡失，而惡人
> 滿心激昂。

人們引用這些詩句來形容恐怖攻擊、金融危機、政治動盪、氣候變遷和疾病傳染。誠如《華爾街日報》所指，這首詩提供我們一種「有內涵的說法，來描述這個世界正墜入墮落之境」。[2]

　　情況的確似乎如此，尤其是，如果你正在閱讀本書！可是，事實要來得更雜更廣。誠如史蒂芬‧平克（Steven Pinker）和安德魯‧麥克（Andrew Mack）所說：「新聞是發生的事，不是沒發生的事。」[3]一趟順利的飛行或鑽油井上平靜的一天都不會上新聞。「人類會透過回想前例的容易程度，來判斷事情發生的可能性，」平克和麥克解釋道，「新聞閱聽者總是覺得自己居住在危險的時代。」

　　這並不表示現今情況更糟糕，只是和以往**不同**而已。在過去半個世紀，人類不斷挑戰科技極限。我們控制了核能、往地底挖了數英里抽取原油，還發展出全球金融系統。這些系統賦予我們高超的本領，但也把我們推進危險地帶。一旦系統失靈，將會奪走人命、破壞環境，[4]並衝擊經濟。[5]並不是說我們每天都活在安全堪慮的環境裡，而是我們更容易遭遇到非預期的系統故障。

　　以醫院為例，還記得護士給錯藥、而差點害死小男孩帕布羅‧賈西亞嗎？這種事情之所以發生，都是因為電腦化處方、藥房機器人和床邊條碼掃描機所造成。這套系統雖然消除了手寫藥方辨視不清和護士失神所造成的小錯誤，但卻讓意想不到的慘事有機可乘。

　　或者，想想無人車的例子，它們幾乎確定會比人類駕駛還要安全。無人駕駛車能避免因為疲勞、分心或酒駕造成的意外，只要製造完備，就不會出現我們會犯的可笑錯誤，像是有車在視線死角時還變換車道等等。但同時無人車也非常容易受到任何失靈所影響——像是被駭客入侵，或是系統中出現工程師意想不到的交互作用等。

　　不過，我們已在本書討論過，事情是有解決辦法的。我們可以設計出更安全的系統、做出更好的決策、留意一切警訊，並以各種不同的意見為師。有些辦法簡單明顯：面對棘手決策時使用結構化工具，從小錯記取教訓，以避免大錯的發生，建立多元化團隊、聆聽批評，並且創造透明又鬆散的系統。絲毫不令人震驚，對不對？

　　可是，有些辦法卻很少付諸實行——就算挑戰已到臨頭也一樣。我們在險惡環境中倚重直覺，無視於氣候變遷、饑荒和恐攻當頭的關切聲音和警訊。[6]重要的金融機構、政府機關和軍事組織多半由同質性極高的團隊來管理。[7]我們的食物供應鏈比以往更複雜、更不透明。[8]我們管理和儲存核子武器的方式過於複雜、耦合過於緊密，使得這些最危險的系統卻最容易出錯。[9]

　　在日常生活上，你的團隊或組織是否確實執行我們在本書中提出的觀念？如果是的話，那就太好了。但我們懷疑答案應該是「否」或「不盡然」。這真是太可惜了，因為這些辦法大多不需要大筆預算或昂貴科技。任何人都能進行「事前驗屍」法、利用預設標準，並用SPIES法做出預測。我們都能使用佩羅的矩陣來找出組織或專案中的哪一部分最可能遇到意外的失靈——以及我們能如何因應。當情況不對勁時，聆聽批評的聲音，並勇敢說出自己的意見有助於解決問題。你不需要高高在上也可以做出貢獻。而且這些做法多半也適用於我們的私人生活，像是決定要住在哪裡、接受哪一份工作，以及促進全家合作無間等等。

我們應該注意警訊、鼓勵異議、增加多元性，這些都是簡單的常識，但很少有人知道該如何確實有效地執行。將這些方法付諸實行並不容易；它往往違反我們的自然直覺。我們習慣看重直覺和自信，希望聽到好消息，而且跟外表和思維與我們類似的人在一起比較自在。可是，管理複雜、耦合緊密的系統正需要相反的做法——謹慎與謙卑的決策、公開分享壞消息，並且強調懷疑、不同意見和多元性。

人們之所以抗拒這些想法的原因之一，是他們以為要避免失敗就得少冒險；他們以為要防止崩潰就得犧牲創新和效率。的確，取捨在所難免。讓系統鬆散一點、或重新設計以降低複雜性都會導致成本升高、功能減少。公開討論這些取捨項目很有用——另外，在考量成本、效益和風險時，不妨把複雜性和耦合緊密度當作基本參數。

不過，這些能幫助我們管理複雜系統的方法不見得都需要做出讓步。事實上，現在已有諸多研究顯示，[10]本書所提到的許多解決方案——包括結構化決策工具、多元化團隊，以及鼓勵有建設性的懷疑與提出異議的準則等——往往還能增進創新和生產力。採行這些解決方案堪稱雙贏。

這正是我們決定寫這本書的原因，我們希望人們了解到，預防系統崩潰是每個人能力所及的。

終結系統崩潰

中古時代，人類面臨重大威脅。[11]西元1347年十月，一支貿易船隊抵達西西里島。水手大多死亡，存活的人也一直在咳嗽、吐血。還有許多船隻直接撞上岸，因為船上的人全都死光了。這就是黑死病流行的開始，後來共有數千萬人死於這個傳染病。該疾病發源於亞洲，商人和蒙古兵感染後順著絲路往西移動。蒙古軍隊把它當作武器，包圍某個貿易城後，會將染病者的身軀彈射到城牆上。[12]這種疾病迅速傳染到非洲和中東。

當時的世界發展有利於黑死病的傳染，[13]城市之間不斷建造新的貿易路線、鼓勵人們遷移，人們比以前更靠近地群居在一起。可是，抗生素、流行病學、衛生觀念或疾病的細菌理論還得再過幾百年才會出現。歷史學家稱之為「細菌的黃金時代。」[14]我們易受細菌感染，但我們對它的理解能力——更別提預防能力了——卻遠遠落後。

　　如今，我們來到了崩潰的黃金時代。愈來愈多的系統進入危險地帶，但我們管理它們的能力卻還在後面苦苦追趕。結果是：事情一一瓦解崩潰。

　　不過，時代在變。我們現在知道該如何終結崩潰的黃金時代。我們只需要勇於嘗試。

誌謝

　　書是個複雜的系統，句子和段落組成一張精緻的網，字句推敲錯誤，不同的情節就會應運而生。雖然寫書要比許多系統來得鬆散，但還是有緊耦合的時候。不小心把訪談紀錄刪除，就很難彌補；趕不上截稿日期，也是叫天不應、叫地不靈。為避免系統崩潰，作者不能獨自埋頭書寫：他們需要依賴陌生人的回饋、吸收多元觀點，並聆聽反對的聲音。

　　我們何其幸運，擁有企鵝出版（Penguin Press）由Ann Godoff和Scott Moyers領導的優秀團隊，協助我們度過寫作的複雜性。我們傑出的編輯Emily Cunningham一路提供精闢的見解與堅定的支持，她教會我們如何寫給廣大讀者，對本書的方向影響深遠。Jennifer Eck、Megan Gerrity、Karen Mayer和Claire Vaccaro展現高度細心、專業和敬業精神，協助本書順利付梓。Matt Boyd、Sarah Hutson和Grace Fisher是本書的最大擁護者，努力不懈地為本書宣傳。在北國，加拿大企鵝出版的Diane Turbide熱情提供靈感、鼓勵和洞見，還有她的同事Frances Bedford與Kara Carnduff合作無間地進行本書在加拿大的宣傳工作。

　　Wylie Agency的Kristina Moore和James Pullen為我們的初步構想提供寶貴意見，並不屈不撓地為本書找到理想的出版公司。另外還要特別感謝James很早就關注我們的工作，並提供了「Meltdown」這個書名。

　　感謝《金融時報》與麥肯錫公司（McKinsey & Company）。我們因為獲得他們舉辦的「布拉肯・鮑爾」獎（Bracken Bower Prize），才有寫書的動力；更要感謝該獎項的評審群——Vindi Banga、Lynda Gratton、Jorma Ollila和Stephen Rubin——看出了我們提案的價值。該獎項讓我們有機會接觸到以往只能遠遠崇拜的思想家。Andrew Hill、Dominic Barton、Lionel Barber與Anne-Marie Slaughter提供極大的支持與鼓勵。Martin Ford和Sean Silcoff讀過初稿，並寫下詳細的評論，大大改進本書內容。Dick Thaler針對出版界的眉角提供明智建言。我們非常感謝多倫多大學羅特曼管理學院（Rotman School of Management）的協助，兩位系主任一開始就是本書的支持者：Roger Martin不吝指正，提供只有像他那樣寫過十本書才知道的寶貴建言；Tiff Macklem持續給予鼓勵和指教，他在全球金融危機當中學到的教訓啟發本書第十章的內容。

　　安德拉斯在羅特曼學院的同事是非常適合共事與思考的一群人，我們也從「組織災難性失敗」課堂上學到很多，學生們都熱心分享他們的看法。

　　對本書熱情支持不怠的，非Ken McGufin、Steve Arenburg

和Rod Lohin莫屬。2015年，在Ken的鼓勵下，我們才會申請參選「布拉肯・鮑爾」獎。一年後，Steve辦了一場演講，讓我們有機會及早聽到各族群觀眾的意見。Rod率先看出我們構想的潛力，在他的引薦之下，李秦家族企業公民協會（Michael Lee-Chin Family Institute for Corporate Citizenship）為我們的研究提供優渥的贊助資金。

感謝許多人對本書提案內容和草稿提供非常寶貴的建議：Adam Grant鼓勵我們著重解決辦法，並加入日常生活會遇到的災難例子。Andrea Ovans絕妙地點出我們的觀點具有管理上的重要意涵。我們的友人Matthew Clark和Jonathan Worth一直從旁溫柔鼓勵、適時提問，而Matthew對本書提案的評論扭轉了本書方向，他本著尖銳批判的眼光，指引我們走上正確道路，幫助我們將焦點放在系統上。Joe Badaracco、Vjeko Begic、Alex Berlin、Illya Bomash、Tom Callaghan、Karen Christensen、Kara Fitzsimmons、Andrea Flores、Richard Florida、Patricia Foo、Jack Gallagher、Joshua Gans、Andy Greenberg、Alex Guth、Clay Kaminsky、Sarah Kaplan、Carl Kay、Ed Koubek、Tor Krever、Inna Livitz、Jamie Malton、Simona Malton、Nicole Martin、Paul Mariz、Chris Marquis、David Mayer、Jessica Moffett Rose、Pat O'Brien、Eoghan O'Donnell、Kim Pernell、Thom Rose、Heather Rothman、Maureen Sarna、Julia Twarog、Jim Weatherall,、Matt Weinstock

和Michele Wucker提供支持和有用意見。我們還要感謝NASA噴射推進實驗室的聯合工程委員會提供看法，以及Brian Muirhead、Bharat Chudasama、Chris Jones和Howard Eisen不吝撥冗表達意見。感謝本書內文美編Anton Ioukhnovets與封面設計Christopher King。我們深深感激諸多研究人員、意外調查人員和其他領域的英雄們分享他們的智慧。我們有幸向他們學習，我們分別在內文和註釋中具名致意，但在此要特別感謝其中三位。查爾斯·佩羅的研究非常高超，向他學習是個恭敬又有力的經驗。我們和「齊克」於2016年七月在紐哈芬市共度的那個週末，是本書定案的關鍵時刻，也是本研究最有收穫的一段時間。我們的朋友班·伯曼——少見的集卓越、善良和謙恭於一身的思想家——在整個研究與書寫過程中慷慨提供大量看法。另外也要感謝瑪爾里斯·克里斯提森本著耐心教導我們她的研究、協助我們尋找範例，並為我們引見她研究領域中的其他學者。

最後，要向我們的家人致上最深的感謝。我們的父母教我們從小熱愛書籍。Torvald是克里斯最大的歡樂與靈感來源，而書寫後期Soren即將出生，更是督促我們謹守本書期限。Pelu是安德拉斯最忠實的書寫夥伴。最重要的，我們要感謝Linnéa和Marvin，他們總是耐心地聆聽我們討論想法，並提問尖銳性的問題，幫助我們避免遭遇我們自己的系統崩潰，無論時機好壞都在一旁守候我們。沒有他們，這本書就不會誕生。

注釋

前言 尋常的一天

1. 該事故細節引自「國家運輸安全委員會鐵路事故報告」（National Transportation Safety Board's Railroad Accident Report）NTSB/RAR-10/02, "Collision of Two Washington Metropolitan Area Transit Authority Metrorail Trains Near Fort Totten Station," Washington, DC, June 22, 2009, https://www.ntsb.gov /investigations/AccidentReports/Reports/RAR1002.pdf. Details about the Wherleys and others came from Christian Davenport, "General and Wife, Victims of Metro Crash, Are Laid to Rest," *Washington Post*, July 1, 2009, http://www.washingtonpost.com/wpdyn/content/article/2009/06/30/AR2009063002664.html?sid=ST2009063003813; Eli Saslow, "In a Terrifying Instant in Car 1079, Lives Became Forever Intertwined," *Washington Post*, June 28, 2009, http://www.washingtonpost.com/wpdyn/content/article/2009/06/27/AR2009062702417.html; and Gale Curcio, "Surviving Against All Odds: Metro Crash Victim Tells Her Story," *Alexandria Gazette Packet*, April 29, 2010, http://connectionarchives .com/PDF/2010/042810/Alexandria.pdf.

2. Davenport, "General and Wife." See also the National Commission on Terrorist Attacks upon the United States, *The 9/11 Commission Report: Final Report of the National Commission on Terrorist Attacks upon the United States* (Washington, DC: Government Printing Office, 2011), 44.

3. 光是在本書撰寫期間就有好幾家航空公司發生這種情況。例如，請見 Alice Ross, "BA Computer Crash: Passengers Face Third Day of Disruption

at Heathrow," *Guardian*, May 29, 2017, https:// www.theguardian.com/ business/2017/may/29/ba-computer-crash-passengers-face-third-day-of-disruption-at-heathrow; "United Airlines Systems Outage Causes Delays Globally," *Chicago Tribune*, October 14, 2016, http://www.chicagotri bune. com/business/ct-united-airlines-systems-outage-20161014-story.html; and Chris Isidore, Jethro Mullen, and Joe Sutton, "Travel Nightmare for Fliers After Power Outage Grounds Delta," CNN Money, August 8, 2016, http:// money.cnn.com /2016/08/08/news/companies/delta-system-outage-fights/index. html?iid=EL.

4. Personal interview with Ben Berman on January 10, 2016.

5. Air Transport Action Group, "Aviation Benefits Beyond Borders," April 2014, https://aviationbene ts.org/media/26786/ATAG__Aviation Benefits2014_FULL_LowRes.pdf.

6. 關於瓦盧杰航空五九二班機空難的描述與調查是根據我們於2016年1月10日與班‧伯曼的訪談內容;「國家運輸安全委員會鐵路事故報告」(National Transportation Safety Board's Aircraft Accident Report)NTSB/AAR-97 /06, "In-Flight Fire and Impact with Terrain, ValuJet Airlines Flight 592 DC-9-32, N904VJ, Everglades, Near Miami, Florida, May 11, 1996," August 19, 1997, https://www.ntsb.gov/investigations/AccidentReports/Reports/AAR9706.pdf; and William Langewiesche, "The Lessons of ValuJet 592," *Atlantic*, March 1998, https://www.theatlantic.com/magazine/archive/1998/03/the-lessons-of-valujet-592/306534/. Langewiesche的文章針對該事故提供完整的介紹、並深度討論可能原因。

7. 原始運貨單影本出現在NTSB/AAR-97/06, 176。為凸顯重點,書中的運貨單是簡化版。

8. Langewiesche, "The Lessons of ValueJet 592."

9. Michel Martin, "When Things Collide," National Public Radio, June 23, 2009, http://www.npr.org/sections/tellmemore/2009/06/when_things_collide.html.

第一章　危險地帶

1. *The China Syndrome*, directed by James Bridges, written by Mike Gray, T. S. Cook, and James Bridges, Columbia Pictures, 1979.
2. David Burnham, "Nuclear Experts Debate 'The China Syndrome,'" *New York Times*, March 18, 1979, http://www.nytimes.com/1979/03/18/ archives/nuclear-experts-debate-the-china-syndrome-but-does-it-satisfy-the.html.
3. Dick Pothier, "Parallels Between 'China Syndrome' and Harrisburg Incident Disturbing," *Evening Independent*, 7A, April 2, 1979.
4. Ira D. Rosen, "Grace Under Pressure in Harrisburg," *Nation*, April 21, 1979.
5. Tom Kauffman, "Memories Come Back as NEI Staffer Returns to Three Mile Island," Nuclear Energy Institute, March 2009, http://www.nei.org/News-Media/News/News-Archives/memories-come-back-as-nei-staffer-returns-to-three.
6. 三哩島事故深度分析要感謝前美國核能管理委員會委員（U.S. Nuclear Regulatory Commission，NRC）Victor Gilinsky和NRC歷史學家Thomas Wellock。至於事故經過則參考自Charles Perrow, *Normal Accidents: Living with High-Risk Technologies* (Princeton, NJ: Princeton University Press, 1999); J. Samuel Walker, *Three Mile Island: A Nuclear Crisis in Historical Perspective* (Berkeley and Los Angeles: The University of California Press, 2004); John G. Kemeny et al., "The Need for Change: The Legacy of TMI," Report of the President's Commission on the Accident at Three Mile Island (Washington, DC: Government Printing Office, 1979); U.S. Nuclear Regulatory Commission, "Backgrounder on the Three Mile Island Accident," February 2013, https://www.nrc.gov/reading-rm/doc-collections/fact-sheets/3mile-isle.html; "Looking Back at the Three Mile Island Accident," National Public Radio, March 15, 2011, http://www.npr.org/2011/03/15/134571483/Three-Mile-Island-Accident-Different-From-Fukushima-Daiichi; Victor Gilinsky, "Behind the Scenes of Three Mile Island," *Bulletin of the Atomic Scientists*, March 23, 2009, http://the

bulletin.org/behind-scenes-three-mile-island-0; and Mark Stencel, "A Nuclear Nightmare in Pennsylvania," *Washington Post*, March 27, 1999, http://www.washing tonpost.com/wp-srv/national/longterm/tmi/tmi.htm.

7. Victor Gilinsky在事實檢核問題注釋（May 17, 2017）中坦承，事故發生幾年之後，打開壓力槽，核能燃料熔毀的原因。他寫道：「事故當時的評估是，任何熔解意外程度應該都能降到最低。一年後出爐的事故報告中幾乎沒提到燃料熔毀。」

8. 許多資料來源都將三哩島事故描述成美國史上最嚴重或最重大的核能意外。該事故在國際核子與輻射事件規模上被評為五，也就是「造成廣大影響的意外」。在此同時，Thomas Wellock也在事實檢核郵件（2017年5月16日）中指出：「原子能委員會擁有的發展反應爐發生其他意外，其中一宗意外造成三人死亡。」無論如何，三哩島事故都是美國商業核能史上最重大的意外。

9. Gilinsky, "Behind the Scenes of Three Mile Island." In response to a fact-checking email (May 16, 2017), Thomas Wellock 在回覆也在事實檢核郵件（2017年5月16日）中提供以下說明：「沒有人討論到要冒人命之險去打開壓力閥，這不只因為這麼做很危險，也因為沒有必要這麼做，通風閥門不需從建築進入，而且在如此高溫與高壓之下，打開壓力槽是相當不明智的……我認為（總統的科學顧問）誤解了吉林斯基的簡報內容，而提出不必要又危險的做法。因此，雖然這故事能幫助了解（科學顧問的）心態，但無助於了解發電廠內的實際情況。」

10. 這是個極端複雜的意外，我們省略了多細節。例如，給水泵失靈後，渦輪依設計也立刻停止。此時，一樣是依照設計，輔助給水泵啟動，但從這些給水泵流出的水卻被兩道閥門擋住，因為幾天前的維修工作後，人員意外將閥門維持關上。後來，溫度不斷上升、冷卻水變成蒸氣，將冷卻水打進爐心的給水泵開始劇烈搖晃，於是操作人員將它們關上，冷卻水不再流出後，問題更加惡化。水溫上升、成為蒸汽衝出閥門。更多關於三哩島事件的細節描述請見Walker, *Three Mile Island.*

11. B. Drummond Ayres Jr., "Three Mile Island: Notes from a Nightmare," *New*

York Times, April 16, 1979, http://www.nytimes.com/1979/04/16/archives/three-mile-island-notes-from-a-nightmare-three-mile-island-a.html.

12. Gilinsky, "Behind the Scenes of Three Mile Island."

13. 我們對於佩羅理論與其發展的描述來自於我們與他在2016年7月23日與24日的訪談內容，以及Perrow, *Normal Accidents.*

14. This cartoon appeared on the cover of *The Sociologist's Book of Cartoons* (New York: Cartoon Bank, 2004).

15. Kathleen Tierney, "Why We Are Vulnerable," *American Prospect*, June 17, 2007, http://prospect.org/article/why-we-are-vulnerable.

16. Dalton Conley教授對Charles Perrow, *The Next Catastrophe: Reducing Our Vulnerabilities to Natural, Industrial, and Terrorist Disasters* (Princeton, NJ: Princeton University Press, 2007)一書的推薦內容，請Princeton University Press該書網頁（http://press.princeton.edu/quotes/q9442.html）。

17. Charles Perrow, "An Almost Random Career," in Arthur G. Bedeian, ed., *Management Laureates: A Collection of Autobiographical Essays*, vol. 2 (Greenwich, CT: JAI Press, 1993), 429–30.

18. Perrow, *Normal Accidents*, viii.

19. Laurence Zuckerman, "Is Complexity Interlinked with Disaster? Ask on Jan. 1; A Theory of Risk and Technology Is Facing a Millennial Test," *New York Times*, December 11, 1999, http://www.nytimes.com/1999/12/11/books/complexity-interlinked-with-disaster-ask-jan-1-theory-risk-technology-facing.html.

20. 佩羅對於他自己的研究努力不懈，但幾個他研究的組織卻懷疑他的動機。「主管有時會請我吃大餐、喝馬丁尼，並開始大談種族歧視的言論，」他告訴我們。「他們想測試我的反應，探出我是不是典型的左翼社會主義分子、或他們能信任的人。但我看出他們的計謀。所以我應付得宜、獲得研究數據。」他露齒一笑，又說，「他們還想看我喝馬丁尼的酒量如何。結果我還蠻會喝的。」Personal interview with Charles Perrow on July 23, 2016.

21. Lee Clarke, *Mission Improbable: Using Fantasy Documents to Tame Disaster*

(Chicago and London: The University of Chicago Press, 1999), xi–xii.

22. Charles Perrow, "Normal Accident at Three Mile Island," *Society* 18, no. 5 (1981):

23. 關於系統如何形塑世界的重要觀點，請見Donella Meadows, *Thinking in Systems: A Primer* (White River Junction, VT: Chelsea Green Publishing, 2008).

24. Edward N. Lorenz, "Deterministic Nonperiodic Flow," *Journal of the Atmospheric Sciences*, 20, no. 2 (1963): 130–41; and Edward N. Lorenz, *The Essence of Chaos* (Seattle: University of Washington Press, 1993), 181–84.

25. 佩羅的複雜性與耦合矩陣是簡化版，節錄自Figure 3.1 in Perrow, *Normal Accidents*, 97.

26. Perrow, *Normal Accidents*, 98.

27. Charles Perrow, "Getting to Catastrophe: Concentrations, Complexity and Coupling," *Montréal Review*, December 2012, http://www.themontrealreview. com/2009/Normal-Accidents-Living-with-High-Risk-Technologies.php.

28. Perrow, *Normal Accidents*, 5.

29. 星巴克推特慘敗的故事參考自"Starbucks Twitter Campaign Hijacked by Tax Protests," *Telegraph*, December 17, 2012, http:// www.telegraph.co.uk/ technology/twitter/9750215/Starbucks-Twitter-campaign-hijacked-by-tax-protests.html; Felicity Morese, "Starbucks PR Fail at Natural History Museum After #SpreadTheCheer Tweets Hijacked," *Huffington Post UK* , December 17, 2012, http://www.hufningtonpost.co.uk/2012/12/17/starbucks-pr-rage-natural-history-museum_n_2314892.html; and "Starbucks' #SpreadTheCheer Hashtag Backfires as Twitter Users Attack Coffee Giant," *Huffington Post*, December 17, 2012, http://www.huffingtonpost.com/2012/12/17/starbucks-spread-the-cheer_n_2317544.html.

30. Emily Fleischaker, "Your 10 Funniest Thanksgiving Bloopers + the Most Common Disasters," *Bon Appétit*, November 23, 2010, http://www.bonappetit. com/entertaining-style/holidays/article/your-10-funniest-thanksgiving-

bloopers-the-most-common-disasters.

31. 同上。

32. Ben Esch, "We Asked a Star Chef to Rescue You from a Horrible Thanksgiving," *Uproxx*, November 21, 2016, http://uproxx.com/life/5-ways-screwing-up-thanksgiving-dinner. 傑森‧奎因不是唯一一位喜歡簡化系統的專家。還有，《紐約時報》食物版編輯與*Thanksgiving: How to Cook It Well* (New York: Random House, 2012)作者Sam Sifton就建議在時間與烤箱空間不足時，採取類似的簡化做法。(見Sam Sifton, "Fastest Roast Turkey," *NYT Cooking*, https://cooking.ny times.com/recipes/1016948-fastest-roast-turkey). 同樣的，*The Food Lab: Better Home Cooking Through Science* (New York: W. W. Norton, 2015) 合著者J. Kenji López-Alt說明如何肢解火雞來烤，以降低複雜性，並確保不同的部分能各自以正確的溫度料理 (見J. Kenji López-Alt, "Roast Turkey in Parts Recipe," *Serious Eats*, November 2010, http://www.serious eats.com/recipes/2010/11/turkey-in-parts-white-dark-recipe.html).

第二章　深水，新地平線

1. 我們對於耶魯爭議的描述是根據Conor Friedersdorf, "The Perils of Writing a Provocative Email at Yale," *Atlantic*, May 26, 2016, https://www.theatlantic.com/politics/archive/2016/05/the-peril-of-writing-a-provocative-email-at-yale/484418. 內容中我們稱艾瑞卡和尼古拉斯‧克里斯塔吉斯共同擔任「宿舍主任」，這是非正式的稱呼。技術上來說，兼具社會學家與醫生的尼古拉斯是學院主任；艾瑞卡則是早期兒童教育講師。自從這些事件發生後，他們職稱就從「主任」改成「宿舍長」。

2. 那段對話直接提及耶魯。見Justin Wm. Moyer, "Confederate Controversy Heads North to Yale and John C. Calhoun," *Washington Post*, July 6, 2015, https://www.washingtonpost.com/news/morning-mix/wp/2015/07/06/confederate-controversy-heads-north-to-yale-and-john-c-calhoun. 2017年，In 2017, 加宏學院（Calhoun College）改名為葛麗絲‧霍波學院（Grace

Hopper College）。

3.　我們對衝突的描述參考自Conor Friedersdorf上述的文章，以及YouTube 上的一段衝突現場影片。尼古拉斯的話節錄自該影片。"Yale Halloween Costume Controversy," YouTube 影片，上傳者 TheFIREorg, https://www. youtube.com/playlist?list=PLvIqJIL2kOMefn77xg6-6yrvek5kbNf3Z.

4.　見"Yale University Statement on Nicholas Christakis," May 25, 2016, https:// news.yale.edu/2016/05/25/yale-university-statement-nicholas-christakis-may-2016.

5.　請參考 Blake Neff, "Meet the Privileged Yale Student Who Shrieked at Her Professor," *Daily Caller*, November 11, 2015, http://dailycaller. com/2015/11/09/meet-the-privileged-yale-student-who-shrieked-at-her-professor.

6.　Patrick J. Regan, "Dams as Systems: A Holistic Approach to Dam Safety," conference paper, 30th U.S. Society on Dams conference, Sacramento, 2010.

7.　同注5。當然，還是有些水壩操作使用影像監控，但並非全部如此，而且操作也不簡單。

8.　關於雨雲水庫（Nimbus Dam）意外，請見Regan, "Dams as Systems."

9.　當然，全球金融系統早在近幾十年蓬勃發展以前，就已經是失靈的常客。例如，請見Liaquat Ahamed, *Lords of Finance: The Bankers Who Broke the World* (New York: Random House, 2009); and Ben S. Bernanke, "Nonmonetary Effects of the Financial Crisis in the Propagation of the Great Depression," *American Economic Review* 73, no. 3 (1983): 257–76.

10.　關於1987年崩盤、長期資本管理公司與近代金融界危機深入說明（包括複雜性和緊耦合所扮演的角色），請見Richard Bookstaber's excellent book, *A Demon of Our Own Design* (Hoboken, NJ: Wiley, 2007).

11.　關於金融危機的精湛分析，還可參考 Michael Lewis. See, for example, "Wall Street on the Tundra," *Vanity Fair*, April 2009, http://www.vanityfair. com/culture/2009/04/iceland200904; and *The Big Short: Inside the Doomsday Machine* (New York: W. W. Norton, 2011).

12. 佩羅這句話出自2010年Tim Harford所進行的訪談，以及他的著作*Adapt: Why Success Always Starts with Failure* (New York: Farrar, Straus, and Giroux, 2011).

13. 關於騎士資本公司失敗事件的描述參考自我們於2016年1月21日對騎士公司執行長湯姆‧喬伊斯、2016年1月14日對「John Mueller」（化名）與其他交易員的專訪。我們還引用SEC報告中關於騎士交易錯誤的內容。見"In the Matter of Knight Capital LLC," Administrative Proceeding File No. 3-15570, October 16, 2013. 值得注意的是，國家運輸安全委員會報告的目的是確認意外發生的原因，而SEC報告則列出起訴騎士資本公司的基本立場。我們也參考了其他媒體報導，包括an interview with Tom Joyce on "Market Makers," Bloomberg Television, August 2, 2012; Nathaniel Popper, "Knight Capital Says Trading Glitch Cost It $440 Million," *New York Times*, August 2, 2012, https:// dealbook.nytimes.com/2012/08/02/knight-capital-says-trading-mishap-cost-it-440-million/; and David Faber and Kate Kelly with Reuters, "Knight Capital Reaches $400 Million Deal to Save Firm," CNBC, August 6, 2012, http://www .cnbc.com/id/48516238.

14. 早上十點，騎士公司就已經損失兩億美元 (Tom Joyce, personal correspondence, May 16, 2017). 但由於華爾街交易員都知道騎士需要拋出錯誤的部位，因此騎士損失更多。一整天下來，騎士公司交易員都在努力大砍投資組合，但最後在午後大宗交易將大批高估的股票售予高盛公司（Goldman Sachs）。

15. 儘管「高頻率」或演算法交易的缺點屢見不鮮，但還是有其優點。銀行和券商經手的交易有固定的高風險，因此愈來愈多交易利用科技以降低交易成本。此外，自動交易縮小買賣價格差距，能為買家拉低股價。請參考Terrence Hendershott, Charles M. Jones, and Albert J. Menkveld, "Does Algorithmic Trading Improve Liquidity?" *Journal of Finance* 66, no. 1 (2011): 1–33. 演算法交易也支援像是指數型基金這類低成本的交易工具，許多投資人會將退休基投資在指數股票型基金（ETF）或共同基金上。高頻交易是否勝過自營交易員各方看法不同，但它的確降低了進入成本。

16. Chris Clearfield and James Owen Weatherall, "Why the Flash Crash Really Matters," *Nautilus*, April 23, 2015, http://nautil.us/issue/23/dominoes/why-the-ash-crash-really-matters.

17. 我們針對深水地平線事故的描述參考自多個來源：National Commission on the BP Deepwater Horizon Oil Spill and Offshore Drilling, *Deep Water: The Gulf Oil Disaster and the Future of Offshore Drilling*, Report to the President (Washington, DC: Government Publishing Office, 2011); David Barstow, David Rohde, and Stephanie Saul, "Deepwater Horizon's Final Hours," *New York Times*, December 25, 2010, http://www.nytimes.com /2010/12/26/us/26spill. html; Earl Boebert and James M. Blossom, *Deepwater Horizon: A Systems Analysis of the Macondo Disaster* (Cambridge, MA: Harvard University Press, 2016); Peter Elkind, David Whitford, and Doris Burke, "BP: 'An Accident Waiting to Happen,'" *Fortune*, January 24, 2011, http://fortune.com/2011/01/24/bp-an-accident-waiting-to-happen; and BP's "Deepwater Horizon Accident Investigation Report," September 8, 2010, http://www.bp.com/content/dam/bp/pdf/sustainability/issue-reports/Deepwater_Horizon_Accident_Investigation_Report.pdf.

18. "Understanding the Initial Deepwater Horizon Fire," *Hazmat Management*, May 10, 2010, http://www.hazmatmag.com/environment/understanding-the-initial-deepwater-horizon-fire/1000370689.

19. National Commission on the BP Deepwater Horizon Oil Spill and Offshore Drilling, *Deep Water*, 105–9.

20. David Barstow, Rob Harris, and Haeyoun Park, "Escape from the Deepwater Horizon," *New York Times* video, 6:34, December 26, 2010, https://www.nytimes.com/video/us/1248069488217/escape-from-the-deepwater-horizon.html.

21. 同上。

22. Andrew B. Wilson, "BP's Disaster: No Surprise to Folks in the Know," CBS News, June 22, 2010, http://www.cbsnews.com/news/bps-disaster-no-surprise-

to-folks-in-the-know.

23. Elkind, Whitford, and Burke, "BP."

24. Proxy Statement Pursuant to Section 14(a), led by Transocean with the U.S. Securities and Exchange Commission on April 1, 2011, https://www.sec.gov/Archives/edgar/data/1451505/00010474691100 3066/a2202839zdef14a.htm.

25. 關於英國郵局及其地平線系統參考自國會議員於2014年12月17日下議院辯論陳述(*Parliamentary Debates.* Commons, 6th ser., vol. 589 [2014], http://hansard.parliament.uk/Commons/2014-12-17/debates/14121741000002/PostOfficeMediation Scheme), 尤其是以下議員的陳述：James Arbuthnot, Andrew Bridgen, Katy Clark, Jonathan Djanogly, Sir Oliver Heald, Huw Irranca-Davies, Kevan Jones, Ian Murray, Albert Owen, Gisela Stuart, and Mike Wood. 我們另外也參考Second Sight, "Interim Report into Alleged Problems with the Horizon System," July 8, 2013; and Second Sight, "Initial Complaint Review and Mediation Scheme: Briefing Report—Part Two," April 9, 2015, http://www.jfsa.org.uk/uploads/5/4/3/1 /54312921/report_9th_april_2015.pdf. 2017年，皇座法庭高等法院法官批准對英國郵局的集體訴訟，郵局還在訴訟當中。見Freeths, "Group Litigation Order against Post Office Limited Is Approved," March 28, 2017, http://www.freeths.co.uk/news/group-litigation-order-against-post-office-limited-is-approved; and HM Courts & Tribunals Service, "The Post Office Group Litigation," March 21, 2017, https://www.gov.uk/guidance/group-litigation-orders#the-post-office-group-litigation.

26. The Post Office, "Post Office Automation Project Complete," PR Newswire, June 21, 2001, http://www.prnewswire.co.uk/news-releases/post-office-automation-project-complete-153845715.html.

27. Neil Tweedie, "Decent Lives Destroyed by the Post Office: The Monstrous Injustice of Scores of Sub-Postmasters Driven to Ruin or Suicide When Computers Were Really to Blame," *Daily Mail*, April 24, 2015, http://www.dailymail.co.uk/news/article-3054706/Decent-lives-destroyed-Post-Office-monstrous-injustice-scores-sub-postmasters-driven-ruin-suicide-computers-

really-blame.html.

28. Tim Ross, "Post Office Under Fire Over IT System," *Telegraph*, August 2, 2015, http://www.telegraph.co.uk/news/uknews/royal-mail/11778288/Post-Office-under- fire-over-IT-system.html.

29. Rebecca Ratcliffe, "Subpostmasters Fight to Clear Names in Theft and False Accounting Case," *Guardian*, April 9, 2017, https://www.theguardian.com/business/2017/apr/09/subpostmasters-unite-to-clear-names-theft-case-post-office.

30. *Parliamentary Debates*, Commons, 6th ser., vol. 589 (2014), http://hansard.parliament.uk/Commons/2014-12-17/debates/14121741000002/PostOfficeMediationScheme. 誠如James Arbuthnot議員在辯論中所指出，「西元2000年，郵局推出地平線系統，沒多久就引起各方關切。全國特約郵局紛紛出現帳戶支出不符的情況，有多有少。還有特約郵局星期六關門時結餘是一個數字、到了下週一開門時又變成另一個數字。」Arbuthnot也在辯論中提及另一個案例：「我的選民喬‧漢米爾頓率先發現收支不符的情況，有兩千英鎊的出入。她致電詢問，對方要她按下某些按鈕，出入金額立刻升到四千英鎊。到最後甚至變成三萬英鎊。郵局自始自終未展開正式調查。」在同一場辯論中，Albert Owen議員表示：「地平線系統有三大問題。許多加盟業者，有些如今已經退休、郵局也關門，告訴我，在2001到2002年的早期階段，系統剛開始裝設啟用時，系統會斷線、需要重新開機，當時市郊地區的加盟郵局紛紛表示擔心。因此，我發現他們很難接受郵局聲稱系統沒有問題的說法。」同樣的，Ian Murray議員也觀察到「我們持續聽聞全國各地的加盟郵局遭遇重大問題。」Huw Irranca-Davies議員則指出：「我有位選民在2008年被要求支付五千多英鎊來補助我們到處聽到的帳戶不符。他堅稱是地平線電腦系統的問題，同時，當問題出現時，也缺乏訓練、支援和後續追蹤。」另見Second Sight, "Initial Complaint Review and Mediation Scheme," Freeths, "Group Litigation Order against Post Office Limited is Approved"; HM Courts & Tribunals Service, "The Post Office Group Litigation"; Gill Plimmer, "MPs Accuse Post Office

over 'Fraud' Ordeal of Sub-Postmasters," *Financial Times*, December 9, 2014, https://www.ft.com/content/89e1bdf6-7fb1-11e4-adff-00144feabdc0; Michael Pooler, "Sub-Postmasters Fight Back over Post Office Accusations of Fraud," *Financial Times*, January 31, 2017, https://www.ft.com/content/6b6e4afc-e7af-11e6-893c-082c54a7f539; and Gill Plimmer and Andrew Bounds, "Dream Turns to Nightmare for Post Office Couple in Fraud Ordeal," *Financial Times*, December 12, 2014, https://www.ft.com/content/91080df0-814c-11e4-b956-00144feabdc0.

31. Second Sight, "Initial Complaint Review and Mediation Scheme: Briefing Report–Part Two", April 9, 2015, http://www.jfsa.org.uk/uploads/5/4/3/1/54312921/report_9th_april_2015.pdf; Testimony of Ian Henderson, "Post Office Mediation," HC 935, Business, Innovation and Skills Committee, February 3, 2015, http://data.parliament.uk/writtenevidence/committeeevidence.svc/evidencedocument/business-innovation-and-skills-committee/post-office-mediation/oral/17926.html; and Tweedie, "Decent Lives Destroyed by the Post Office."

32. Plimmer and Bounds, "Dream Turns to Nightmare" and Second Sight, "Initial Complaint Review and Mediation Scheme." These conclusions are consistent with several statements that MPs made in the House of Commons during the December 17, 2014 adjournment debate (*Parliamentary Debates*, Commons, 6th ser., vol. 589 [2014]). 例如，Huw Irranca-Davies議員曾強調「地平線與既有系統介面有問題」以及「缺乏支援和訓練」，Mike Wood議員則指出「任何缺失都是加盟郵局業者的責任。」

33. Kevan Jones議員在辯論會上將湯姆‧布朗的故事提出討論(*Parliamentary Debates*, Commons, 6th ser., vol. 589 [2014]). See also related statements made during the same debate by MPs James Arbuthnot, Katy Clark, and Huw Irranca-Davies等議員針對地平線支援系統方面的討論。例如，Katy Clark指出：「常見的問題是郵局提供的支援系統有缺失，客服部門往往提供錯誤的建議和協助。」在同一場辯論中，Huw Irranca-Davies議員表示：「在很小

的選區出就有三個案例，雖然性質不相同，但他們的說法都很一致。他們都在地平線與現有系統的介面遇到問題，而且在地平線一開始使用時就出現問題，讓他們計算錯誤。他們都表示問題發生時，明顯缺乏支援和訓練。他們都得自掏腰包彌補錯誤。」另見Second Sight, "Initial Complaint Review and Mediation Scheme," 25.

34. Post Office statement quoted in Karl Flinders, "Post Office Faces Legal Action Over Alleged Accounting System Failures," *Computer Weekly*, February 8, 2011, http://www.computerweekly.com/news/1280095088/Post-Office_faces-legal-action-over-alleged-accounting-system-failures. 在2017年8月11日一封事實查核郵件中，郵局代表寫道「地平線和其他任何電腦系統一樣，雖稱不上完美，但也夠堅固、穩定。」

35. 這項陳述來自於2017年8月11日郵局內部人員的電郵內容。在我們看來，地平線成功服務數千家加盟郵局、處理數百英鎊的交易，我們引用地平線的例子，並不是暗指整套系統完全失敗。一個複雜、耦合緊密地系統，就算大致運作順暢，還是可能導致意外結果與代價高昂的失敗；以飛機失事為例，像是瓦盧杰航空五九二班機就可能肇因於系統失靈，但這並不意味著整個現代航空系統一敗塗地。

36. *Parliamentary Debates*, Commons, 6th ser., vol. 589 [2014]; see the statements made by MPs James Arbuthnot and Albert Owen. See also Freeths, "Group Litigation Order against Post Office Limited is Approved"; HM Courts & Tribunals Service, "The Post Office Group Litigation"; and Pooler, "Sub-Postmasters Fight Back."

37. *Parliamentary Debates*, Commons, 6th ser., vol. 589 (2014); see the statements made by MPs James Arbuthnot, Huw Irranca-Davies, Kevan Jones, and Albert Owen. See also Freeths, "Group Litigation Order against Post Office Limited is Approved"; HM Courts & Tribunals Service, "The Post Office Group Litigation"; Pooler, "Sub-Postmasters Fight Back"; and Ratcliffe, "Subpostmasters Fight to Clear Names."

38. 喬·漢米爾頓的案例在下議院辯論中由James Arbuthnot議員提出，並進行深入討論(*Parliamentary Debates*, Commons, 6th ser., vol. 589 [2014]); 喬·漢米爾頓的引述出自Matt Prodger, "MPs Attack Post Office Sub-Postmaster Mediation Scheme," BBC News, December 9, 2014, http://www.bbc.com/news/business-30387973 and the accompanying audio file.

39. *Parliamentary Debates*, Commons, 6th ser., vol. 589 (2014); see, in particular, the statements by MP James Arbuthnot.

40. Henderson, "Post Office Mediation." See also Second Sight, "Initial Complaint Review and Mediation Scheme" and Charlotte Jee, "Post Office Obstructing Horizon Probe, Investigator Claims," *Computerworld UK*, February 3, 2015, http://www.computerworlduk.com/infrastructure/post-office-obstructing-horizon-probe-investigator-claims-3596589.

41. Second Sight, "Initial Complaint Review and Mediation Scheme," 14–19.

42. 同上。

43. *Parliamentary Debates*, Commons, 6th ser., vol. 589 (2014). 例如，James Arbuthnot指出：「我最擔心的事情是，幾乎不可能從軟體中找到造成問題的瑕疵。」在同一場辯論中，國會商業、創新與技術副國務大臣Jo Swinson則觀察道：「許多案例都非常複雜，這也難怪，因為它們處理的是系統和諸多交易。」此外，《金融時報》也指出：「科技專家說這是一種很困難的電腦失靈，尤其是，當系統非常複雜、而問題又只能靠後見之明加以了解。」(Plimmer, "MPs Accuse Post Office"). 另見Second Sight, "Initial Complaint Review and Mediation Scheme" and Plimmer and Bounds, "Dream Turns to Nightmare."

44. *Parliamentary Debates*, Commons, 6th ser., vol. 589 (2014), 特別是James Arbuthnot, Andrew Bridgen, Sir Oliver Heald, Kevan Jones, 和Ian Murray議員對於各自選區中加盟郵局業者親身經歷的陳述。另見 Pooler, "Sub-Postmasters Fight Back"; and Plimmer and Bounds, "Dream Turns to Nightmare."

45. *Parliamentary Debates*, Commons, 6th ser., vol. 589 (2014); Second Sight, "Initial Complaint Review and Mediation Scheme"; and Plimmer, "MPs Accuse

Post Office."

46. Alexander J. Martin, "Subpostmasters Prepare to Fight Post Office Over Wrongful Theft and False Accounting Accusations," *The Register*, April 10, 2017, https://www.theregister.co.uk/2017/04/10/subpostmasters_prepare_to_fight_post_office_over_wrongful_theft_and_false_accounting _accusations; and "The UK's Post Office Responds to Horizon Report," *Post & Parcel*, April 20, 2015, http://postandparcel.info/64576/news/the-uks-post-office-responds-to-horizon-report.

47. "Post Office IT System Criticised in Report," BBC News, September 9, 2014, http://www.bbc.com/news/uk-29130897. See also Karl Flinders, "Post Office IT Support Email Reveals Known Horizon Flaw," *Computer Weekly*, November 18, 2015, http://www.computerweekly.com/news/4500257572/Post-Office-IT-support-email-reveals-known-Horizon-flaw.

48. HM Courts & Tribunals Service, "The Post Office Group Litigation" and Michael Pooler, "Post Office Faces Class Action Over 'Faulty' IT System," *Financial Times*, August 2, 2017, https://www.ft.com/content /f420f2f8-75fa-11e7-a3e8-60495fe6ca71.

49. Pooler, "Post Office Faces Class Action Over 'Faulty' IT System."

50. Statement by MP Kevan Jones. *Parliamentary Debates*, Commons, 6th ser., vol. 589 (2014). See also statements made by MPs James Arbuthnot, Andrew Bridgen, Katy Clark, Jonathan Djanogly, Sir Oliver Heald, Huw Irranca-Davies, Ian Murray, Albert Owen, Gisela Stuart, and Mike Wood during the same debate, as well as Plimmer and Bounds, "Dream Turns to Nightmare."

51. 這句話引述自Alan Bates，他成立了加盟郵局聯盟司法正義團體，節錄自Steve White, "Post Office Wrongly Accused Sub-Postmaster of Stealing £85,000 in Five Years of 'Torture,'" *Mirror*, August 16, 2013, http://www.mirror.co.uk/news/uk-news/post-office-wrongly-accused-sub-postmaster-2176052.

第三章　駭客入侵、詐騙，以及所有不宜刊登的新聞

1. 傑克的介紹"Jackpotting: Automated Teller Machines"廣為流傳，網路上還有影片https://www.youtube.com/watch?v=4StcW9OPpPc, posted by DEFCONconference, November 8, 2013.

2. 該事件出現在各大報章雜誌，但Brian Krebs率先報導。("Sources: Target Investigating Data Breach," *Krebs on Security*, December 18, 2013, https://krebson security.com/2013/12/sources-target-investigating-data-breach/) 並有諸多後續追蹤報導。

3. 這部分參考自我們於2016年8月12日對安迪‧葛林伯格所做的訪問，以及他的文章，包括"Hackers Remotely Kill a Jeep on the Highway—With Me in It," *Wired*, July 21, 2015, https://www.wired.com/2015/07/hackers-remotely-kill-jeep-highway; "After Jeep Hack, Chrysler Recalls 1.4M Vehicles for Bug Fix," *Wired*, July 24, 2015, https://www.wired.com/2015/07/jeep-hack-chrysler-recalls-1-4m-vehicles-bug-x; and "Hackers Reveal Nasty New Car Attacks—With Me Behind the Wheel (Video)," *Forbes*, August 12, 2013, https://www.forbes.com/sites/andygreenberg/2013/07/24/hackers-reveal-nasty-new-car-attacks-with-me-behind-the-wheel-video/#60fde1d9228c.

4. Greenberg, "After Jeep Hack, Chrysler Recalls 1.4M Vehicles for Bug Fix." 飛雅特—克萊斯勒（Fiat Chrysler）也和行動網路供應商斯普林特（Sprint）合作，防止駭客入侵吉普車。

5. Personal interview with Andy Greenberg on August 12, 2016.

6. Stilgherrian, "Lethal Medical Device Hack Taken to Next Level," *CSO Online*, October 21, 2011, https://www.cso.com.au/article/404909/lethal_medical_device_hack_taken_next_level; David C. Klonoff, " Cybersecurity for Connected Diabetes Devices," *Journal of Diabetes Science and Technology* 9, no. 5 (2015): 1143–47; and Jim Finkle, "U.S. Government Probes Medical Devices for Possible Cyber Flaws," Reuters, October 22, 2014, http://www.reuters.com/article/us-cybersecurity-medicaldevices-insight-idUSKCN0IB0DQ

20141022.

7. Darren Pauli, "Hacked Terminals Capable of Causing Pacemaker Deaths," *IT News*, October 17, 2012, https://www.itnews.com.au/news/hacked-terminals-capable-of-causing-pacemaker-deaths-319508. 有趣的是，傑克的研究由另一位紐西蘭人Justine Bone發揚光大，他是醫藥設備安全公司MedSec執行長。Bone的公司聲稱發現St. Jude Medical製造的植入性去顫器設備的安全缺失。St. Jude方面否認有問題，並對MedSec的誣告提出訴訟。見 Michelle Cortez, Erik Schatzker, and Jordan Robertson, "Carson Block Takes on St. Jude Medical Claiming Hack Risk," *Bloomberg*, August 25, 2016, https://www.bloomberg.com/news/articles/2016-08-25/carson-block-takes-on-st-jude-medical-with-claim-of-hack-risk; and *St Jude Medical Inc v. Muddy Waters Consulting LLC et al.,* Federal Civil Lawsuit, Minnesota District Court, Case No. 0:16-cv-03002.

8. Barnaby Jack, "'Broken Hearts': How Plausible Was the Homeland Pacemaker Hack?" IOActive Labs Research, February 25, 2013, http://blog.ioactive.com/2013/02/broken-hearts-how-plausible-was.html.

9. 欲深入探究日益複雜的系統和癱瘓性的意外恐攻有何關連，請見Thomas Homer-Dixon, "The Rise of Complex Terrorism," *Foreign Policy* 128, no. 1 (2002): 52–62.

10. 關於組織驅使非法情事理論的豐富介紹，可參考查爾斯·佩羅的著作，另見Donald Palmer, *Normal Organizational Wrongdoing* (New York: Oxford University Press, 2013).

11. 關於安隆公司的部分我們參考自貝絲妮·麥克林的深入報導，以及Peter Elkind in *The Smartest Guys in the Room: The Amazing Rise and Scandalous Fall of Enron* (New York: Portfolio, 2003); the fantastic 2005 documentary film based on the book, *Enron: The Smartest Guys in the Room* (directed by Alex Gibney); Bethany McLean's article "Is Enron Overpriced?" *Fortune*, March 5, 2001, http://money.cnn.com/2006/01/13/news/companies/enronoriginal_fortune; and Kurt Eichenwald's *Conspiracy of Fools: A True Story* (New York:

Broadway Books, 2005). 我們另外也參考安隆垮台後的破產調查，包括法院指派的調查人員Neal Batson的全面性報告，*In re: Enron Corp. et al.,* U.S. Bankruptcy Court, Southern District of New York and appendices, November 4, 2003.

12. Bethany McLean, "Why Enron Went Bust," *Fortune*, December 24, 2001, http://archive.fortune.com/magazines/fortune/fortune_archive/2001/12/24/315319/index.htm.

13. 安隆公司的策略出現在兩份法律備忘錄中：Christian Yoder and Stephen Hall, "re: Traders' Strategies in the California Wholesale Power Markets/ISO Sanctions," Stoel Rives (firm), December 8, 2000; and Gary Fergus and Jean Frizell, "Status Report on Further Investigation and Analysis of EPMI Trading Strategies," Brobeck (firm) (undated).

14. See *Enron: The Smartest Guys in the Room* (Gibney), which includes tapes of phone calls from Enron traders.

15. Christopher Weare, *The California Electricity Crisis: Causes and Policy Options* (San Francisco: Public Policy Institute of California, 2003).

16. Rebecca Mark quoted in V. Kasturi Rangan, Krishna G. Palepu, Ahu Bhasin, Mihir A. Desai, and Sarayu Srinivasan, "Enron Development Corporation: The Dabhol Power Project in Maharashtra, India (A)," Harvard Business School Case 596–099, May 1996 (Revised July 1998).

17. 關於按市值計價法對於投資機構的負面影響，請見Donald Guloien and Roger Martin, "Mark-to-Market Accounting: A Volatility Villain," *Globe and Mail*, February 13, 2013, https://www.theglobeandmail.com/globe-investor/mark-to-market-accounting-a-volatility-villain/article8637443.

18. 關於這些交易的細節，見Appendix D of the Batson report.

19. Peter Elkind, "The Confessions of Andy Fastow," *Fortune*, July 1, 2013, http://fortune.com/2013/07/01/the-confessions-of-andy-fastow.

20. 這段話出自瑞士信貸第一波士頓（Credit Suisse First Boston）總經理 Carmen Marino所寫的電子郵件，細節請見Appendix F of the Batson report.

21. Julie Creswell, "J.P. Morgan Chase to Pay Enron Investors $2.2 Billion," *New York Times*, June 15, 2005, http://www.nytimes.com/2005/06/15/business/jp-morgan-chase-to-pay-enron-investors-22-billion.html.

22. Owen D. Young, "Dedication Address," *Harvard Business Review* 5, no. 4 (July 1927), https://iiif.lib.harvard.edu/manifests/view/drs:8982551$1i. Thanks to Malcolm Salter, "Lawful but Corrupt: Gaming and the Problem of Institutional Corruption in the Private Sector" (unpublished research paper, Harvard Business School, 2010) for the reference to Young's address.

23. Elkind, "The Confessions of Andy Fastow."

24. Sean Farrell, "The World's Biggest Accounting Scandals," *Guardian*, July 21, 2015, https://www.theguardian.com/business/2015/jul/21/the-worlds-biggest-accounting-scandals-toshiba-enron-olympus; "India's Enron," *Economist*, January 8, 2009, http://www.economist.com/node/12898777; "Europe's Enron," *Economist*, February 27, 2003, http://www.economist.com/node/1610552; "The Enron Down Under," *Economist*, May 23, 2002, http://www.economist.com/node/1147274.

25. 原始文章還能在《紐約時報》網站上找得到，只是後面附上訂正啟示。見Jayson Blair, "Retracing a Trail: The Investigation; U.S. Sniper Case Seen as a Barrier to a Confession," *New York Times*, October 30, 2002, http://www.nytimes.com/2002/10/30/us/retracing-trail-investigation-us-sniper-case-seen-barrier-confession.html; Jayson Blair, "A Nation at War: Military Families; Relatives of Missing Soldiers Dread Hearing Worse News," *New York Times*, March 27, 2003, http://www.nytimes.com/2003/03/27/us/nation-war-military-families-relatives-missing-soldiers-dread-hearing-worse.html; and Jayson Blair, "A Nation at War: Veterans; In Military Wards, Questions and Fears from the Wounded," *New York Times*, April 19, 2003, http://www.nytimes.com/2003/04/19/us/a-nation-at-war-veterans-in-military-wards-questions-and-fears-from-the-wounded.html.

26. 本章節的研究取材於該論文本身的報導，Dan Barry, David Barstow, Jonathan D. Glater, Adam Liptak, and Jacques Steinberg, "Correcting the Record; Times Reporter Who Resigned Leaves Long Trail of Deception," *New York Times*, May 11, 2003, http://www.nytimes.com/2003/05/11/us/correcting-the-record-times-reporter-who-resigned-leaves-long-trail-of-deception.html; Seth Mnookin, "Scandal of Record," *Vanity Fair*, December 2004, http://www.vanityfair.com/style/2004/12/nytimes200412; and the Siegal Committee, "Report of the Committee on Safeguarding the Integrity of Our Journalism," July 28, 2003, http://www.nytco.com/wp-content/uploads/Siegal-Committe-Report.pdf.

27. Jayson Blair, interview by Katie Couric, "A Question of Trust," *Dateline NBC*, NBC, March 17, 2004, http://www.nbcnews.com/id/4457860/ns/dateline_nbc/t/question-trust/#.WZHenRIrKu6.

28. Barry et al., "Correcting the Record."

29. Mnookin, "Scandal of Record."

30. 同上。

31. William Woo, "Journalism's 'Normal Accidents,'" *Nieman Reports*, September 15, 2003, http://niemanreports.org/articles /journalisms-normal-accidents.

32. Dominic Lasorsa and Jia Da, "Newsroom's Normal Accident? An Exploratory Study of 10 Cases of Journalistic Deception," *Journalism Practice* 1, no. 2 (2007): 159–74.

33. 因應傑森‧布萊爾的假新聞醜聞，《時代》雜誌新設公共編輯一職，讓讀者得以自外於正常官僚系統來提出抱怨。See Margaret Sullivan, "Repairing the Credibility Cracks," *New York Times*, May 4, 2013, http://www.nytimes.com/2013/05/05/public-editor/repairing-the-credibility-cracks-after-jayson-blair.html. 2017年，《時代》雜誌刪除該職。

第四章 衝出危險地帶

1. 奧斯卡頒獎典禮的故事，參考自Jim Donnelly, "Moonlight Wins Best Picture After 2017 Oscars Envelope Mishap," March 3, 2017, http://oscar.go.com/news/winners/after-oscars-2017-mishap-moon light-wins-best-picture; Yohana Desta, "Both Oscar Accountants 'Froze' During Best Picture Mess," *Vanity Fair*, March 2, 2017, http://www.vanityfair.com/hollywood/2017/03/pwc-accountants-froze-backstage; Jackson McHenry, "Everything We Know About That Oscars Best Picture Mix-up," *Vulture*, February 27, 2017, http://www.vulture.com/2017/02/oscars-best-picture-mixup-everything-we-know.html; 以及八十九屆奧斯卡頒獎典禮轉播。

2. Brian Cullinan and Martha Ruiz, "These Accountants Are the Only People Who Know the Oscar Results," *Huffington Post*, January 31, 2017, http://www.huffingtonpost.com/entry/oscar-results-balloting-pwc_us_5890f00ee4b02772c4e9cf63.

3. Michael Schulman, "Scenes from the Oscar Night Implosion," *New Yorker*, February 27, 2017, http://www.newyorker.com/culture/culture-desk/scenes-from-the-oscar-night-implosion.

4. Valli Herman, "Was Oscar's Best Picture Disaster Simply the Result of Poor Envelope Design?" *Los Angeles Times*, February 27, 2017, http://www.latimes.com/entertainment/envelope/la-et-envelope-design-20170227-story.html.

5. 多年前的設計者Marc Friedland在信封問題上傷透腦筋。「我不能說我們設計的信封能防止問題的發生，但我們的確盡全力讓它簡單、安全，例如放大字體、清楚易懂等等。」他告訴《洛杉磯時報》（*Los Angeles Times*）。見 Herman, "Oscar's Best Picture Disaster." 在過去，信封上的獎項往往是白底黑字，對比強烈，連在後台也能看得清楚。

6. Charles Perrow, "Organizing to Reduce the Vulnerabilities of Complexity," *Journal of Contingencies and Crisis Management* 7, no. 3 (1999): 152.

7. Barbara J. Drew, Patricia Harris, Jessica K. Zègre Hemsey, Tina Mammone, Daniel Schindler, Rebeca Salas-Boni, Yong Bai, Adelita Tinoco, Quan Ding, and Xiao Hu, "Insights into the Problem of Alarm Fatigue with Physiologic Monitor Devices: A Comprehensive Observational Study of Consecutive Intensive Care Unit Patients," *PLOS ONE* 9, no. 10 (2014): e110274, https://doi.org/10.1371/journal.pone.0110274.

8. 為深入了解安全系統——與它們營造出的安全感——如何能導致失敗，見 Greg Ip, *Foolproof: Why Safety Can Be Dangerous and How Danger Makes Us Safe* (New York: Little, Brown and Company, 2015).

9. Robert Wachter, *The Digital Doctor: Hope, Hype and Harm at the Dawn of Medicine's Computer Age* (New York: McGraw-Hill Education, 2015).

10. 同上, 130.

11. Bob Wachter, "How to Make Hospital Tech Much, Much Safer," *Wired*, April 3, 2015, https://www.wired.com/2015/04/how-to-make-hospital-tech-much-much-safer.

12. Personal interview with "Gary Miller" (pseudonym) on February 9, 2017.

13. 當然，理想中，我們能夠在某些程度上準確預測未來系統失靈。關於預測這個有趣的議題，請參考Philip E. Tetlock and Dan Gardner, *Superforecasting: The Art and Science of Prediction* (New York: Random House, 2016).

14. Thijs Jongsma, "That's Why I Love Flying the Airbus 330," *Meanwhile at KLM*, July 1, 2015, https://blog.klm.com/thats-why-i-love-flying-the-airbus-330.

15. Personal interview with Ben Berman on March 9, 2017.

16. 該意外事件詳細分析，請見Charles Duhigg, *Smarter, Faster, Better* (New York: Random House, 2016)第三章; and William Langewiesche, "The Human Factor," October 2014, http://www.vanityfair.com/news/business/2014/10/air-france-flight-447-crash.

17. Federal Aviation Administration, *The Pilot's Handbook of Aeronautical Knowledge* (Washington, DC: Federal Aviation Administration, 2016). 技術上來說,任何高度都會發生失速,但兩次墜機都是因為飛行員把鼻翼拉太高。

18. Personal interview with Ben Berman on March 9, 2017.

19. Peter Valdes-Dapena and Chloe Melas, "Fix Ready for Jeep Gear Shift Problem That Killed Anton Yelchin," CNN Money, June 22, 2016, http://money.cnn.com/2016/06/22/autos/jeep-chrysler-shifter-recall-fix/index.html.

20. Ibid. 安東・葉爾欽死亡時,吉普車正在進行自行召回。

21. 後勤出問題與相關議題在聖母峰上造成複雜、相關連的潰敗,深度分析請見Michael A. Roberto, "Lessons from Everest: The Interaction of Cognitive Bias, Psychological Safety, and System Complexity," *California Management Review* 45, no. 1 (2002): 136–58.

22. Alpine Ascents International, "Why Climb with Us," Logistics and Planning: Base Camp, accessed August 29, 2017, https://www.alpineascents.com/climbs/mount-everest/why-climb-with-us.

23. 關於飛行領域層層分級的警訊,我們參考自Robert Wachter的超凡著作*The Digital Doctor*,也非常感謝班・伯曼對於本章關於技術細節方面的指導與協助。若有任何錯誤,都是我們自己的問題。

24. Wachter, "How to Make Hospital Tech Much, Much Safer."

25. Personal interview with "Gary Miller" (pseudonym) on February 9, 2017.

第五章　複雜的系統,簡單的工具

1. Danny Lewis, "These Century-Old Stone 'Tsunami Stones' Dot Japan's Coastline," *Smithsonian Magazine*, August 31, 2015, http://www.smithsonianmag.com/smart-news/century-old-warnings-against-tsunamis-dot-japans-coastline-180956448. We are indebted to Julia Twarog for her nuanced translation.

2. Martin Fackler, "Tsunami Warnings, Written in Stone," *New York Times*, April 20, 2011, http://www.nytimes.com/2011/04/21/world/asia/21stones.html.

3. 福島第一核電廠事故細節，請見 International Atomic Energy Agency, "The Fukushima Daiichi Accident—Report by the Director General," 2015, http://www-pub.iaea.org/MTCD/Publications/PDF/Pub1710-ReportByTheDG-Web.pdf.

4. Risa Maeda, "Japanese Nuclear Plant Survived Tsunami, Offers Clues," October 19, 2011, http://www.reuters.com/article/us-japan-nuclear-tsunami-idUSTRE79J0B420111020.

5. Phillip Y. Lipscy, Kenji E. Kushida, and Trevor Incerti, "The Fukushima Disaster and Japan's Nuclear Plant Vulnerability in Comparative Perspective," *Environmental Science & Technology* 47, no. 12 (2013): 6082–88.

6. 同上，6083。

7. 關於自然災害及其他災難性風險為何往往讓我們措手不及的廣泛探究，請見Robert Meyer and Howard Kunreuther, *The Ostrich Paradox: Why We Underprepare for Disasters* (Philadelphia: Wharton Digital Press, 2017).

8. Don Moore and Uriel Haran, "A Simple Tool for Making Better Forecasts," May 19, 2014, https://hbr.org/2014/05/a-simple-tool-for-making-better-forecasts. For more on overconfidence, see Don A. Moore and Paul J. Healy, "The Trouble with Overconfidence," *Psychological Review* 115, no. 2 (2008): 502–17.

9. Don A. Moore, Uriel Haran, and Carey K. Morewedge, "A Simple Remedy for Overprecision in Judgment," *Judgment and Decision Making* 5, no. 7 (2010): 467–76.

10. Moore and Haran, "A Simple Tool for Making Better Forecasts."

11. Akira Kawano, "Lessons Learned from the Fukushima Accident and Challenge for Nuclear Reform," November 26, 2012, http://nas-sites.org/fukushima/les/2012/10/TEPCO.pdf. See also Dennis Normile, "Lack of Humility and Fear of Public Misunderstandings Led to Fukushima Accident," *Science*, November 26, 2012, http://www.sciencemag.org/news/2012/11/lack-humility-and-fear-

public-misunderstandings-led-fukushima-accident.

12. 關於這部分的內容，要感謝Daniel Kahneman和Gary Klein精湛的文章 "Conditions for Intuitive Expertise: A Failure to Disagree," *American Psychologist* 64, no. 6 (2009): 515–26; their discussion "Strategic Decisions: When Can You Trust Your Gut?" *McKinsey Quarterly* 13 (2010): 1–10; Gary Klein, "Developing Expertise in Decision Making," *Thinking & Reasoning* 3, no. 4 (1997): 337–52; Paul E. Meehl, *Clinical Versus Statistical Prediction: A Theoretical Analysis and a Review of the Evidence* (Minneapolis: University of Minnesota Press, 1954); James Shanteau, "Competence in Experts: The Role of Task Characteristics," *Organizational Behavior and Human Decision Processes* 53 (1992): 252–66; and Robin Hogarth's work, including Robin M. Hogarth, Tomás Lejarraga, and Emre Soyer, "The Two Settings of Kind and Wicked Learning Environments," *Current Directions in Psychological Science* 24, no. 5 (2015): 379–85; and Robin M. Hogarth, *Educating Intuition* (Chicago: University of Chicago Press, 2001).

13. 雖然該故事在《絕對兩秒間》（*Blink*）被提及，但最早是出現在Gary Klein的高明著作 *Sources of Power* (Cambridge, MA: MIT Press, 1998), 32.

14. Chip Heath和Dan Heath精闢地解釋兩者的區分，請見他們的著作*Decisive: How to Make Better Choices in Life and Work* (New York: Crown Business, 2013). 欲了解有哪些直覺性專業，請見 Kahneman and Klein, "Conditions for Intuitive Expertise." 關於為何常識在日常生活發揮作用、但卻不利於複雜系統——從市場到全球組織無一例外，重要觀點請見Duncan J. Watts, *Everything Is Obvious (Once You Know the Answer): How Common Sense Fails Us* (New York: Crown Business, 2011).

15. Shai Danziger, Jonathan Levav, and Liora Avnaim-Pesso, "Extraneous Factors in Judicial Decisions," *Proceedings of the National Academy of Sciences* 108, no. 17 (2011): 6889–92; David White, Richard I. Kemp, Rob Jenkins, Michael Matheson, and A. Mike Burton, "Passport Officers' Errors in Face Matching," *PLOS ONE* 9, no. 8 (2014): e103510, https://doi.org/10.1371/journal.

pone.0103510; and Aldert Vrij and Samantha Mann, "Who Killed My Relative? Police Officers' Ability to Detect Real-Life High-Stake Lies," *Psychology, Crime and Law* 7, no. 1–4 (2001): 119–32.

16. 這方面的觀察，我們要感謝Mark Simon and Susan M. Houghton, "The Relationship Between Overconfidence and the Introduction of Risky Products: Evidence from a Field Study," *Academy of Management Journal* 46, no. 2 (2003): 139–49. 箇中的方法論研究來自於兩項研究：Allan H. Murphy and Robert L. Winkler, "Reliability of Subjective Probability Forecasts of Precipitation and Temperature," *Journal of the Royal Statistical Society, Series C (Applied Statistics)* 26, no. 1 (1977): 41–47; and Allan H. Murphy and Robert L. Winkler, "Subjective Probabilistic Tornado Forecasts: Some Experimental Results," *Monthly Weather Review* 110, no. 9 (1982): 1288–97.

17. Jerome P. Charba and William H. Klein, "Skill in Precipitation Forecasting in the National Weather Service," *Bulletin of the American Meteorological Society* 61, no. 12 (1980): 1546–55.

18. 關於複雜環境中能利用的各種工具的深入介紹，請見Atul Gawande, *The Checklist Manifesto: How to Get Things Right* (New York: Metropolitan Books, 2009); Dan Ariely, *Predictably Irrational: The Hidden Forces That Shape Our Decisions* (New York: HarperCollins, 2009); Richard H. Thaler and Cass R. Sunstein, *Nudge: Improving Decisions About Health, Wealth, and Happiness* (New Haven, CT: Yale University Press, 2008); and Dilip Soman, *The Last Mile: Creating Social and Economic Value from Behavioral Insights* (Toronto: University of Toronto Press, 2015).

19. P. Sujitkumar, J. M. Hadfield, and D. W. Yates, "Sprain or Fracture? An Analysis of 2000 Ankle Injuries," *Emergency Medicine Journal* 3, no. 2 (1986): 101–6.

20. Ian G. Stiell, Gary H. Greenberg, R. Douglas McKnight, Rama C. Nair, I. McDowell, and James R. Worthington, "A Study to Develop Clinical Decision Rules for the Use of Radiography in Acute Ankle Injuries," *Annals of Emergency Medicine* 21, no. 4 (1992): 384–90. We have simplified their

diagram, which appears as Figure 2 in their article.

21. 關於醫生如何成為專家，還有個有趣的討論，請見Atul Gawande's *Complications* (New York: Picador, 2002)，作者提到多倫多市郊的蘇爾迪斯醫院（Shouldice）疝氣治療成功率。該醫院的外科醫生會在整個職涯中、專心只從事疝氣手術長達一年多的時間。

22. Personal interview with "Lisa" (pseudonym) on May 21, 2017.

23. 這種方法是由普林斯頓大學社會學家Matthew Salganik和他的研究團隊所發展出來；任何人都能使用他們的免費、開放源網站 (www.allourideas. org)來創造配對維基調查。而該工具背後的研究，請見Matthew J. Salganik and Karen E. C. Levy, "Wiki Surveys: Open and Quantifiable Social Data Collection," *PLOS ONE* 10, no. 5 (2015): e0123483, https://doi.org/10.1371/journal.pone.0123483.

24. 關於塔吉特加拿大誕生又倒閉的故事，參考自喬·卡斯塔多的深度報導 ("The Last Days of Target," *Canadian Business*, January 2016, http://www.canadianbusiness.com/the-last-days-of-target-canada) 以及我們於2016年10月12日對卡斯塔多的訪問。

25. Ian Austen and Hiroko Tabuchi, "Target's Red Ink Runs Out in Canada," *New York Times*, January 15, 2015, https://www.nytimes.com/2015/01/16/business/target-to-close-stores-in-canada.html.

26. 這齣戲叫做 *A Community Target*, 作者為Robert Motum, 內容是根據五十位前塔吉特加拿大員工的訪問。「九成的內容是訪談逐字紀錄——只稍稍編輯修改，」Motum在事實查核電郵中寫道(June 17, 2017). 「該劇的其他部分則探討塔吉特百貨的問題……下半場還邀請大家一起思考加拿大目前的零售業生態。整體來說，這是個關於塔吉特員工，以及他們共享的社群的故事。」

27. Joe Castaldo in an interview on Minnesota Public Radio with *MPR News* host Tom Weber, "The Downfall of Target Canada," Minnesota Public Radio, January 29, 2016, https://www.mprnews.org/story/2016/01/29/target-canada-failure.

28. Castaldo, "The Last Days of Target."

29. Personal interview with Joe Castaldo on October 12, 2016.

30. Castaldo, "The Last Days of Target."

31. "Target 2010 Annual Report," http://media.corporate-ir.net/media_les/irol/65/65828/Target_AnnualReport_2010.pdf.

32. Gary Klein, "Performing a Project Premortem," *Harvard Business Review* 85, no. 9 (2007): 18–19.

33. Kahneman and Klein, "Strategic Decisions."

34. Deborah J. Mitchell, J. Edward Russo, and Nancy Pennington, "Back to the Future: Temporal Perspective in the Explanation of Events," *Journal of Behavioral Decision Making* 2, no. 1 (1989): 25–38.

35. 同上, 34–35.

36. Kahneman and Klein, "Strategic Decisions."

37. Personal interview with "Jill Bloom" (pseudonym) on May 29, 2017. 在進行事前驗屍之前，布魯和她先生都聽過克里斯（本書作者之一）談論過在各種社會情境下使用這項技巧的方法。

38. Kahneman and Klein, "Strategic Decisions."

第六章　留意先兆

1. 本書對弗林特自來水危機的報導參考自許多來源，包括Julia Laurie, "Meet the Mom Who Helped Expose Flint's Toxic Water Nightmare," *Mother Jones*, January 21, 2016, http://www.motherjones.com/politics/2016/01/mother-exposed-flint-lead-contamination-water-crisis; LeeAnne Walters's testimony to the Michigan Joint Committee on the Flint Water Public Health Emergency, March 29, 2016 (via ABC News, http://abcnews.go.com/US/flint-mother-emotional-testimony-water-crisis-affected-childrens/story?id=38008707); Lindsey Smith, "This Mom Helped Uncover What Was Really Going On with Flint's Water," Michigan Radio, December 14, 2015, http://michiganradio.org/post/mom-helped-uncover-what-was-really-going-

flint-s-water; the excellent radio documentary by Lindsey Smith, "Not Safe to Drink," Michigan Radio, http://michiganradio.org/topic/not-safe-drink; Gary Ridley, "Flint Mother at Center of Lead Water Crisis Files Lawsuit," *Mlive*, March 3, 2016, http://www.mlive.com/news/flint/index.ssf/2016/03/flint_ mother_at_center_of_lead.html; Ryan Felton, "Flint Residents Raise Concerns over Discolored Water," *Detroit Metro Times*, August 13, 2014, http://www. metrotimes.com/detroit/flint-residents-raise-concerns-over-discolored-water/ Content?oid=2231724; Ron Fonger, "Flint Starting to Flush Out 'Discolored' Drinking Water with Hydrant Releases," *Mlive*, July 30, 2014, http://www. mlive.com/news/flint/index.ssf/2014/07/flint_starting_to_ ush_out_di.html; Ron Fonger, "State Says Flint River Water Meets All Standards but More Than Twice the Hardness of Lake Water," *Mlive*, May 23, 2014, http://www. mlive.com/news/flint/index.ssf/2014/05/state_says_flint_river_water_m.html; Ron Fonger, "Flint Water Problems: Switch Aimed to Save $5 Million—But at What Cost?" *Mlive*, January 23, 2015, http://www.mlive.com/news/flint/ index.ssf/2015/01/flints_dilemma_how_much_to_spe.html; Matthew M. Davis, Chris Kolb, Lawrence Reynolds, Eric Rothstein, and Ken Sikkema, "Flint Water Advisory Task Force Final Report," Flint Water Advisory Task Force, 2016, https://www.michigan.gov/documents/snyder/FWATF_FINAL_ RE PORT_21March2016_517805_7.pdf; Miguel A. Del Toral, "High Lead Levels in Flint, Michigan—Interim Report," Environmental Protection Agency, June 24, 2015, http://flintwaterstudy.org/wp-content/uploads/2015/11/Miguels-Memo.pdf; and an internal email from Miguel A. Del Toral, "Re: Interim Report on High Lead Levels in Flint," Environmental Protection Agency (see Jim Lynch, "Whistle- Blower Del Toral Grew Tired of EPA 'Cesspool,'" *Detroit News*, March 28, 2016, http://www.detroitnews.com/story/news/ michigan/flint-water-crisis/2016/03/28/whistle-blower-del-toral-grew-tired-epa-cesspool/82365470/).

2. Dominic Adams, "Closing the Valve on History: Flint Cuts Water Flow from Detroit After Nearly 50 Years," *Mlive*, April 25, 2014, http://www.mlive.com/news/flint/index.ssf/2014/04/closing_the_valve_on_his tory_f.html.20 21 22 2 3 24 25 26 27 28 29 30 31S 32N

3. 同上。

4. Merrit Kennedy, "Lead-Laced Water in Flint: A Step-by-Step Look at the Makings of a Crisis," National Public Radio, April 20, 2016, http://www.npr.org/sections/thetwo-way/2016/04/20/465545378/lead-laced-water-in- flint-a-step-by-step-look-at-the-makings-of-a-crisis.

5. Elisha Anderson, "Legionnaires'-Associated Deaths Grow to 12 in Flint Area," *Detroit Free Press*, April 11, 2016, http://www.freep.com/story/news/local/michigan/flint-water-crisis/2016/04/11/legionnaires-deaths-flint-water/82897722.

6. Mike Colias, "How GM Saved Itself from Flint Water Crisis," *Automotive News*, January 31, 2016, http://www.autonews.com/article/20160131/OEM01/302019964/how-gm-saved-itself-from-flint-water-crisis.

7. 許多地方政府都採用州政府設計的抽樣流程，見Rebecca Williams, "State's Instructions for Sampling Drinking Water for Lead 'Not Best Practice,'" Michigan Radio, November 17, 2015, http://michiganradio.org/post/states-instructions-sampling-drinking-water-lead-not-best-practice.

8. Julianne Mattera, "Missed Lead: Is Central Pa.'s Water Testing Misleading?" *Penn Live*, February 1, 2016, http://www.pennlive.com/news/2016/02/lead_in_water_ flint_water_samp.html.

9. Mark Brush, "Expert Says Michigan Officials Changed a Flint Lead Report to Avoid Federal Action," Michigan Radio, November 5, 2015, http://michiganradio.org/post/expert-says-michigan-officials-changed-flint-lead-report-avoid-federal-action.

10. LeeAnne Walters's testimony to the Michigan Joint Committee on the Flint Water Public Health Emergency.

11. This according to the report, prepared by engineering consulting firms Rowe and LAN, "Analysis of the Flint River as a Permanent Water Supply for the City of Flint," July 2011, http://www.scribd.com/doc/64381765/Analysis-of-the-Flint-River-as-a-Permanent-Water-Supply-for-the-City-of-Flint-July-2011; see, in particular, "Opinion of Probable Cost" in Appendix 8, https://www.scribd.com/document/64382181/Analysis-of-the-Flint-River-as-a-Permanent-Water-Supply-for-the-City-of-Flint-July-2011-Appendices-1-to-8. Though some estimates in the press put the cost at just over $100 per day, we couldn't find calculations to support that figure.

12. "Michigan Governor Signs Budget Tripling State Spending on Flint Water Emergency," *Chicago Tribune*, June 29, 2016, http://www.chicagotribune.com/news/nationworld/midwest/ct-flint-water-crisis-20160629-story.html.

13. Darnell Earley的發言引用Adams, "Closing the Valve on History." Earley是緊急事件經理，受密西根州長任命，負責監督弗林特河轉自來水工程。他上任後，繼續執行前任經理和地方政客改變水源的決定。見Ron Fonger, "Ex-Emergency Manager Says He's Not to Blame for Flint River Water Switch," *Mlive*, October 13, 2015, http://www.mlive.com/news/int/index.ssf/2015/10/ex_emergency_manager_earley_sa.html.

14. Perrow, *Normal Accidents*, 214.

15. 華府地鐵系統、尤其是該事故的技術細節參考自 NTSB/RAR-10/02. 一一二列車意外發生時，控制室位於現今的大華府地區交通主管機關市區總部。事故發生後，變遷至鄰近市郊。

16. NTSB/RAR-10/02, 20–23. 雖然地鐵的信號系統也被其他運輸單位使用，但它主要還是依賴會受聲音、傳輸動力和其他種主變數影響的模擬信號。

17. NTSB/RAR-10/02, 44.

18. NTSB/RAR-10/02, 40–41. 工作人員告訴NTSB第一班列車已被偵測到，但檢視當時記錄數據顯示，當天早上追蹤電路並未見到任何列車。

19. NTSB/RAR-10/02, 81. 追蹤電路無法準確偵測時，列車接獲時速為零的命令，二一四號列車之前的所有列車都幸運通過有問題的路段、繼續正常行駛。

20. "How Aviation Safety Has Improved," Allianz Expert Risk Articles, http:// www.agcs.allianz.com/insights/expert-risk-articles/how-aviation-safety-has-improved.

21. See, for example, Ian Savage, "Comparing the Fatality Risks in United States Transportation Across Modes and Over Time," *Research in Transportation Economics* 43, no. 1 (2013): 9–22. Allianz's "How Aviation Safety Has Improved" 報告把時速寫得更高。

22. Federal Aviation Administration, *The Pilot's Handbook of Aeronautical Knowledge.* 飛機也可以利用GPS導航出的航道或是直接飛往目的地。

23. 本部分參考自National Transportation Safety Board's Aircraft Accident Report NTSB-AAR-75-16, "Trans World Airlines, Inc, Boeing 727-231 N54328, Berryville, Virginia, December, 1 1974," http://libraryonline.erau.edu/online-full-text/ntsb/aircraft-accident-reports/AAR75-16.pdf. 我們使用報告中的數字、並加以簡化。

24. 實際的進場航圖見於NTSB-AAR-75-16, 59. 我們的剖面圖並未標出被忽略的通過點，討論中也略過進場最低高度理論不談。

25. 對話內容來自機艙通話錄音。見NTSB-AAR-75-16, 4.

26. See, for example, Karl E. Weick, "The Vulnerable System: An Analysis of the Tenerife Air Disaster," *Journal of Management* 16, no. 3 (1990): 571–93; and Karl E. Weick, Kathleen M. Sutcliffe, and David Obstfeld, "Organizing and the Process of Sensemaking," *Organization Science* 16, no. 4 (2005): 409-21.

27. NTSB-AAR-75-16, 12.

28. NTSB-AAR-75-16, 23.

29. NASA, "Automation Dependency," *Callback*, September 2016, https://asrs.arc.nasa.gov/publications/callback/cb_440.html.

30. NASA, "The Dangers of Complacency," *Callback*, March 2017, https://asrs.arc.nasa.gov/publications/callback/cb_446.html.

31. Perrow, "Organizing to Reduce the Vulnerabilities of Complexity," 153.

32. 這項實驗參考自Robin L. Dillon and Catherine H. Tinsley, "How Near-Misses Influence Decision Making Under Risk: A Missed Opportunity for Learning," *Management Science* 54, no. 8 (2008): 1425–40. Dillon和Tinsley的實驗使用一項虛擬的NASA任務做為決策基礎。感謝工程師Vjeko Begic協助創造我們實驗中的場景。

33. 更廣泛來看，「異常正常化」指的是注意和解釋異常——計畫和實際發生的出入——的過程，以採取行動來制止威脅和危機，見Michelle A. Barton, Kathleen M. Sutcliffe, Timothy J. Vogus, and Theodore DeWitt, "Performing Under Uncertainty: Contextualized Engagement in Wildland Firefighting," *Journal of Contingencies and Crisis Management* 23, no. 2 (2015): 74–83.

34. 關於組織如何從險兆與其他警訊學習，我們參考自Catherine H. Tinsley, Robin L. Dillon, and Peter M. Madsen, "How to Avoid Catastrophe," *Harvard Business Review* 89, no. 4 (2011): 90–97. 關於僥倖脫險與險兆方面的深入探討，見Scott D. Sagan, *The Limits of Safety* (Princeton, NJ: Princeton University Press, 1995). 至於尋求我們所未覺有何重要性，見Karlene H. Roberts and Robert Bea, "Must Accidents Happen? Lessons from High-Reliability Organizations," *The Academy of Management Executive* 15, no. 3 (2001): 70–78.

35. Edward Doyle, "Building a Better Safety Net to Detect—and Prevent—Medication Errors," *Today's Hospitalist*, September 2006, https://www.todayshospitalist.com/Building-a-better-safety-net-to-detect-and-prevent-medication-errors.

36. 同上。

37. 更多關於失敗的恥辱如何促進學習的討論，見Amy C. Edmondson, "Strategies for Learning from Failure," *Harvard Business Review* 89, no. 4 (2011): 48–55.

38. Personal interview with Ben Berman on March 9, 2017.

39. Wachter, "How to Make Hospital Tech Much, Much Safer."

40. 關於組織如何從模糊警訊學習的重要性，見Michael A. Roberto, Richard

M.J. Bohmer, and Amy C. Edmondson, "Facing Ambiguous Threats," *Harvard Business Review* 84, no. 11 (2006): 106–13.

41. Personal interview with Claus Rerup on April 13, 2017.

42. Claus Rerup, "Attentional Triangulation: Learning from Unexpected Rare Crises," *Organization Science* 20, no. 5 (2009): 876–93.

43. 有些單位每三年辦一次引導活動、有些則每年辦。但至少六年一定辦一次。見Novo Nordisk, "The Novo Nordisk Way: The Essentials," http://www.novonordisk.com/about-novo-nordisk/novo-nordisk-way/the-essentials.html.

44. Novo Nordisk, 2014 Annual Report, http://www.novonordisk.com/content/dam/Denmark/HQ/Commons/documents/Novo-Nor disk-Annual-Report-2014.pdf, 12.

45. Vanessa M. Strike and Claus Rerup, "Mediated Sensemaking," *Academy of Management Journal* 59, no. 3 (2016): 885. See also Vanessa M. Strike, "The Most Trusted Advisor and the Subtle Advice Process in Family Firms," *Family Business Review* 26, no. 3 (2013): 293–313.

第七章　剖析異議

1. 本章關於桑梅維斯醫生的故事參考自Sherwin B. Nuland, *The Doctors' Plague: Germs, Childbed Fever, and the Strange Story of Ignác Semmelweis* (New York and London: W. W. Norton, 2003).

2. 同上, 84.

3. Ignaz (Ignác) Semmelweis, *The Etiology, Concept, and Prophylaxis of Childbed Fever*, trans. and ed. K. Codell Carter (Madison: University of Wisconsin Press, 1983), 88.

4. Nuland, *The Doctors' Plague*, 104.

5. 同上。

6. Vasily Klucharev, Kaisa Hytönen, Mark Rijpkema, Ale Smidts, and Guillén Fernández, "Reinforcement Learning Signal Predicts Social Conformity,"

Neuron 61, no. 1 (2009): 140–51.

7. Elizabeth Landau, "Why So Many Minds Think Alike," January 15, 2009, http://www.cnn.com/2009/HEALTH/01/15/social.conformity.brain.

8. "Social Conformism Measured in the Brain for the First Time," Donders Institute for Brain, Cognition and Behaviour, January 15, 2009, http://www.ru.nl/donders/news/vm-news/more-news/.

9. Gregory S. Berns, Jonathan Chappelow, Caroline F. Zink, Giuseppe Pagnoni, Megan E. Martin-Skurski, and Jim Richards, "Neurobiological Correlates of Social Conformity and Independence During Mental Rotation," *Biological Psychiatry* 58, no. 3 (2005): 245–53.

10. 同上, 252.

11. Landau, "Why So Many Minds Think Alike."

12. Nuland, *The Doctors' Plague*, 120.

13. 同上, 121.

14. Jeremy P. Jamieson, Piercarlo Valdesolo, and Brett J. Peters, "Sympathy for the Devil? The Physiological and Psychological Effects of Being an Agent (and Target) of Dissent During Intragroup Conflict," *Journal of Experimental Social Psychology* 55 (2014): 221–27.

15. The study (Dan Ward and Dacher Keltner, "Power and the Consumption of Resources," unpublished manuscript, University of Wisconsin–Madison, 1998) is summarized in Dacher Keltner, Deborah H. Gruenfeld, and Cameron Anderson, "Power, Approach, and Inhibition," *Psychological Review* 110, no. 2 (2003): 265–84.

16. "How Do Humans Gain Power? By Sharing It," *PBS NewsHour*, June 9, 2016, http://www.pbs.org/newshour/bb/how-do-humans-gain-power-by-sharing-i.

17. Keltner, Gruenfeld, and Anderson, "Power, Approach, and Inhibition," 277.

18. Dacher Keltner, "The Power Paradox," *Greater Good Magazine*, December 1, 2007, https://greatergood.berkeley.edu/article/item/power_paradox.

19. 關於勇於發言科學的詳細介紹，見Amy Edmondson針對心理安全、員工建言和學習方面開創性的研究，本章內容也深受其影響：Amy C. Edmondson, "Psychological Safety and Learning Behavior in Work Teams," *Administrative Science Quarterly* 44, no. 2 (1999): 350–83; Amy C. Edmondson, *Teaming: How Organizations Learn, Innovate, and Compete in the Knowledge Economy* (San Francisco: Jossey-Bass, 2012); Amy C. Edmondson and Zhike Lei, "Psychological Safety: The History, Renaissance, and Future of an Interpersonal Construct," *Annual Review of Organizational Psychology and Organizational Behavior* 1 (2014): 23–43; Amy C. Edmondson, "Speaking Up in the Operating Room: How Team Leaders Promote Learning in Interdisciplinary Action Teams," *Journal of Management Studies* 40, no. 6 (2003): 1419–52; and James R. Detert and Amy C. Edmondson, "Implicit Voice Theories: Taken-for-Granted Rules of Self-Censorship at Work," *Academy of Management Journal* 54, no. 3 (2011): 461–88.

20. 我們關於勇於發言的理解，參考自Jim Detert (personal interview on October 17, 2016).

21. James R. Detert and Ethan R. Burris, "Can Your Employees Really Speak Freely?" *Harvard Business Review* 94, no. 1 (2016): 84.

22. 同上；也請參考 James R. Detert and Ethan R. Burris, "Leadership Behavior and Employee Voice: Is the Door Really Open?" *Academy of Management Journal* 50, no. 4 (2007): 869–84.

23. Detert and Burris, "Can Your Employees Really Speak Freely?" 82.

24. 勇於發言顯然是桑梅維斯當時所欠缺的，此時情緒管理分外重要，見Adam M. Grant, "Rocking the Boat but Keeping It Steady: The Role of Emotion Regulation in Employee Voice," *Academy of Management Journal* 56, no. 6 (2013): 1703–23.

25. John Waller, *Leaps in the Dark: The Making of Scientific Reputations* (New York: Oxford University Press, 2004), 155.

26. 羅伯特是化名，他的故事是根據我們於2016年5月5日專訪斯皮爾斯醫生和他的櫃檯小姐唐娜的內容，唐娜要求只寫她的名字、不加姓。

27. Weick, "The Vulnerable System," 588.

28. 即使研究人員納入機長在天氣惡劣和其他危機之下可能控制飛機的情況，這些結果還是成立。見R. Key Dismukes, Benjamin A. Berman, and Loukia D. Loukopoulos, *The Limits of Expertise: Rethinking Pilot Error and the Causes of Airline Accidents* (Burlington, VT: Ashgate, 2007); and National Transportation Safety Board, *A Review of Flightcrew-Involved Major Accidents of US Air Carriers, 1978 Through 1990* (Washington, DC: National Transportation Safety Board, 1994).

29. 關於「機組員資源管理」的歷史和效果，見Robert L. Helmreich and John A. Wilhelm, "Outcomes of Crew Resource Management Training," *International Journal of Aviation Psychology* 1, no. 4 (1991): 287–300; Robert L. Helmreich, Ashleigh C. Merritt, and John A. Wilhelm, "The Evolution of Crew Resource Management Training in Commercial Aviation," *International Journal of Aviation Psychology* 9, no. 1 (1999): 19–32; and Eduardo Salas, C. Shawn Burke, Clint A. Bowers, and Katherine A. Wilson, "Team Training in the Skies: Does Crew Resource Management (CRM) Training Work?" *Human Factors* 43, no. 4 (2001): 641– 74. 過去幾十年來航空業的演變與CRM的發展，要感謝班‧伯曼提供資訊。

30. Dismukes, Berman, and Loukopoulos, *The Limits of Expertise*, 283.

31. Richard D. Speers and Christopher A. McCulloch, "Optimizing Patient Safety: Can We Learn from the Airline Industry?" *Journal of the Canadian Dental Association* 80 (2014): e37.

32. Michelle A. Barton and Kathleen M. Sutcliffe, "Overcoming Dysfunctional Momentum: Organizational Safety as a Social Achievement," *Human Relations* 62, no. 9 (2009): 1340.

33. 關於本研究的深入探討，見Chapter 2 in Duhigg, *Smarter, Faster, Better*.

34. James R. Detert, Ethan R. Burris, David A. Harrison, and Sean R. Martin, "Voice Flows to and Around Leaders: Understanding When Units Are Helped or Hurt by Employee Voice," *Administrative Science Quarterly* 58, no. 4 (2013): 624–68.

35. Helmreich, Merritt, and Wilhelm, "Evolution of Crew Resource Management," 21.

36. 伯曼機場回覆事實考核郵件 (May 16, 2017)，強調CRM本身隨時間演變；自該計畫誕生以來，航空公司已大幅減少使用心理學術語，並讓訓練課程更加實用。

37. Detert and Burris, "Can Your Employees Really Speak Freely?," 84.

38. Personal interview with Ben Berman on March 9, 2017.

39. Melissa Korn, "Where I Work: Dean of BU's School of Management," *Wall Street Journal*, June 11, 2012, https://blogs.wsj.com/atwork/2012/06/11/where-i-work-dean-of-bus-school-of-management.

40. "A Look Back at the Collapse of Lehman Brothers," *PBS NewsHour*, September 14, 2009, http://www.pbs.org/newshour/bb/business-july-dec09-solmanlehman_09-14.

41. Matie L. Flowers, "A Laboratory Test of Some Implications of Janis's Groupthink Hypothesis," *Journal of Personality and Social Psychology* 35, no. 12 (1977): 888–96. For ease of presentation, we collapsed Flowers's results across levels of group cohesiveness.

42. Jane Nelsen, *Positive Discipline* (New York: Ballantine, 2006), 220.

43. Personal interview with Jim Detert on October 17, 2016.

第八章　減速丘效應

1. "How 'Lehman Siblings' Might Have Stemmed the Financial Crisis," *PBS NewsHour*, August 6, 2014, http://www.pbs.org/newshour/making-sense/how-lehman-siblings-might-have-stemmed-the-financial-crisis.

2. Sheen S. Levine, Evan P. Apfelbaum, Mark Bernard, Valerie L. Bartelt, Edward J. Zajac, and David Stark, "Ethnic Diversity Deflates Price Bubbles," *Proceedings of the National Academy of Sciences* 111, no. 52 (2014): 18524–29. 參與者交易的股票具有可計算真實（也就是基本或內在）價值。研究

人員因此能計算市價偏離資產真實價值的程度。

3. Personal interview with Evan Apfelbaum on November 4, 2016.

4. Levine et al., "Ethnic Diversity Deflates Price Bubbles," 18528.

5. Personal interview with Evan Apfelbaum on November 4, 2016.

6. Sarah E. Gaither, Evan P. Apfelbaum, Hannah J. Birnbaum, Laura G. Babbitt, and Samuel R. Sommers, "Mere Membership in Racially Diverse Groups Reduces Conformity," *Social Psychological and Personality Science* (2017): in press, https://doi.org/10.1177/1948550617708013.

7. Personal interview with Evan Apfelbaum on November 4, 2016.

8. Katherine W. Phillips, Gregory B. Northcraft, and Margaret A. Neale, "Surface-Level Diversity and Decision-Making in Groups: When Does Deep-Level Similarity Help?" *Group Processes & Intergroup Relations* 9, no. 4 (2006): 467–82.

9. Katherine W. Phillips, "How Diversity Makes Us Smarter," *Scientific American*, October 1, 2014, https://www.scienticamerican.com/article/how-diversity-makes-us-smarter.

10. Samuel R. Sommers, "On Racial Diversity and Group Decision Making: Identifying Multiple Effects of Racial Composition on Jury Deliberations," *Journal of Personality and Social Psychology* 90, no. 4 (2006): 597–612.

11. Lawrence J. Abbott, Susan Parker, and Theresa J. Presley, "Female Board Presence and the Likelihood of Financial Restatement," *Accounting Horizons* 26, no. 4 (2012): 613. See also Anne-Marie Slaughter, "Why Family Is a Foreign-Policy Issue," *Foreign Policy*, November 26, 2012, http://foreignpolicy.com/2012/11/26/why-family-is-a-foreign-policy-issue. 誠如斯勞特所說，「如果總統有個全男性團隊來塑造美國在世界的地位，會有很大的不同嗎？當然會的，而且會阻礙美國處理二十一世紀全球複雜新挑戰的能力。」

12. Phillips, "How Diversity Makes Us Smarter"; see also David Rock, Heidi Grant, and Jacqui Grey, "Diverse Teams Feel Less Comfortable—and That's

Why They Perform Better," September 22, 2016, *Harvard Business Review*, https://hbr.org/2016/09/diverse-teams-feel-less-comfortable-and-thats-why-they-perform-better.

13. Lauren A. Rivera, *Pedigree: How Elite Students Get Elite Jobs* (Princeton, NJ: Princeton University Press, 2016), 227. "Henry" and "Will" are pseudonyms.

14. We are indebted to Lauren Rivera for sharing with us excerpts from her field notes about this discussion.

15. Claudia Goldin and Cecilia Rouse, "Orchestrating Impartiality: The Impact of 'Blind' Auditions on Female Musicians," *American Economic Review* 90, no. 4 (2000): 715–41. 近年來，其他勞動市場也陸續採取盲眼海選的方法。不過，關於這方面的系統性研究還很少。

16. 我們對於多元化計畫研究的綜合介紹參考自 Frank Dobbin and Alexandra Kalev, "Why Diversity Programs Fail," *Harvard Business Review* 94, no. 7 (2016): 52–60. 基礎研究見Frank Dobbin, Daniel Schrage, and Alexandra Kalev, "Rage Against the Iron Cage: The Varied Effects of Bureaucratic Personnel Reforms on Diversity," *American Sociological Review* 80, no. 5 (2015): 1014–44; and Alexandra Kalev, Frank Dobbin, and Erin Kelly, "Best Practices or Best Guesses? Assessing the Efficacy of Corporate Affirmative Action and Diversity Policies," *American Sociological Review* 71, no. 4 (2006): 589–617.

17. Dobbin and Kalev, "Why Diversity Programs Fail," 54.

18. 同上, 57.

19. 同注17。

20. 更多關於建立與管理多元化組織的困難與眉角，見see Emilio J. Castilla, "Gender, Race, and Meritocracy in Organizational Careers," *American Journal of Sociology* 113, no. 6 (2008): 1479–1526; Emilio J. Castilla and Stephen Benard, "The Paradox of Meritocracy in Organizations," *Administrative Science Quarterly* 55, no. 4 (2010): 543–676; Roberto M. Fernandez and Isabel Fernandez-Mateo, "Networks, Race, and Hiring," *American Sociological*

Review 71, no. 1 (2006): 42–71; Roberto M. Fernandez and M. Lourdes Sosa, "Gendering the Job: Networks and Recruitment at a Call Center," *American Journal of Sociology* 111, no. 3 (2005): 859–904; Robin J. Ely and David A. Thomas, "Cultural Diversity at Work: The Effects of Diversity Perspectives on Work Group Processes and Outcomes," *Administrative Science Quarterly* 46, no. 2 (2001): 229–73; and Roxana Barbulescu and Matthew Bidwell, "Do Women Choose Different Jobs from Men? Mechanisms of Application Segregation in the Market for Managerial Workers," *Organization Science* 24, no. 3 (2013): 737–56.

21. Laura Arrillaga-Andreessen, "Five Visionary Tech Entrepreneurs Who Are Changing the World," *New York Times*, October 12, 2015, http://www.nytimes.com/interactive/2015/10/12/t-magazine/elizabeth-holmes-tech-visionaries-brian-chesky.html?_r=0.

22. *Inc.*, October 2015, https://www.inc.com/magazine/oct-2015.

23. Matthew Herper, "From $4.5 Billion to Nothing: Forbes Revises Estimated Net Worth of Theranos Founder Elizabeth Holmes," *Forbes*, June 1, 2016, https://www.forbes.com/sites/matthewherper/2016/06/01/from-4-5-billion-to-nothing-forbes-revises-estimated-net-worth-of-theranos-founder-elizabeth-holmes/#689b50603633.

24. Henry Kissinger, "Elizabeth Holmes," *Time*, April 15, 2015, http://time.com/3822734/elizabeth-holmes-2015-time-100.

25. Arrillaga-Andreessen, "Five Visionary Tech Entrepreneurs."

26. Charles Ornstein's interview with John Carreyrou for a Pro-Publica podcast: "How a Reporter Pierced the Hype Behind Theranos," Pro-Publica, February 16, 2016, https://www.propublica.org/podcast/item/how-a-reporter-pierced-the-hype-behind-theranos.

27. John Carreyrou, "Hot Startup Theranos Has Struggled with Its Blood-Test Technology," *Wall Street Journal*, October 15, 2015, https://www.wsj.com/articles/theranos-has-struggled-with-blood-tests-1444881901.

28. Kia Kokalitcheva, "Walgreens Sues Theranos for $140 Million for Breach of Contract," *Fortune*, November 8, 2016, http://fortune.com/2016/11/08/walgreens-theranos-lawsuit. In August 2017, the *Financial Times* reported that Theranos and Walgreens had reached a confidential agreement to settle the lawsuit; Walgreens said that "the matter has been resolved on mutually acceptable terms" (Jessica Dye and David Crow, "Theranos Settles with Walgreens over Soured Partnership," *Financial Times*, August 1, 2017, https://www.ft.com/content/0d32febf-10f6-39cd-b520-c420c3d5391f).

29. Maya Kosoff, "More Fresh Hell for Theranos," *Vanity Fair*, November 29, 2016, http://www.vanityfair.com/news/2016/11/theranos-lawsuit-investors-fraud-allegations.

30. Jef Feeley and Caroline Chen, "Theranos Faces Growing Number of Lawsuits Over Blood Tests," *Bloomberg*, October 14, 2016, https://www.bloomberg.com/news/articles/2016-10-14/theranos-faces-growing-number-of-lawsuits-over-blood-tests.

31. "The World's 19 Most Disappointing Leaders," *Fortune*, March 30, 2016, http://fortune.com/2016/03/30/most-disappointing-leaders.

32. Herper, "From $4.5 Billion to Nothing."

33. Kevin Loria, "Scientists Are Skeptical About the Secret Blood Test That Has Made Elizabeth Holmes a Billionaire," *Business Insider*, April 25, 2015, http://www.businessinsider.com/science-of-elizabeth-holmes-theranos-2015-4.

34. Nick Bilton, "Exclusive: How Elizabeth Holmes's House of Cards Came Tumbling Down," *Vanity Fair*, October 2016, http://www.vanityfair.com/news/2016/09/elizabeth-holmes-theranos-exclusive.

35. Ken Auletta, "Blood, Simpler," *New Yorker*, December 15, 2014, http://www.newyorker.com/magazine/2014/12/15/blood-simpler.

36. John Carreyrou, "At Theranos, Many Strategies and Snags," *Wall Street Journal*, December 27, 2015, http://www.wsj.com/articles/at-theranos-many-strategies-and-snags-1451259629.

37. Jillian D'Onfro, "Bill Maris: Here's Why Google Ventures Didn't Invest in Theranos," *Business Insider*, October 20, 2015, http://www.businessinsider.com/bill-maris-explains-why-gv-didnt-invest-in-theranos-2015-10.

38. Jennifer Reingold, "Theranos' Board: Plenty of Political Connections, Little Relevant Expertise," *Fortune*, October 15, 2015, http://fortune.com/2015/10/15/theranos-board-leadership; and Roger Parloff, "A Singular Board at Theranos," *Fortune*, June 12, 2014, http://fortune.com/2014/06/12/theranos-board-directors.

39. Reingold, "Theranos' Board."

40. Juan Almandoz and András Tilcsik, "When Experts Become Liabilities: Domain Experts on Boards and Organizational Failure," *Academy of Management Journal* 59, no. 4 (2016): 1124–49.

41. Personal interview with John Almandoz on December 3, 2016.

42. 關於專家控制方面的風險，見Kim Pernell, Jiwook Jung, and Frank Dobbin, "The Hazards of Expert Control: Chief Risk Officers and Risky Derivatives," *American Sociological Review* 82, no. 3 (2017): 511–41.

43. Almandoz and Tilcsik, "When Experts Become Liabilities," 1127.

44. 同上, 1128.

45. 同注43。

46. Amateurs," Almandoz told us: Personal interview with John Almandoz on December 3, 2016.

第九章　來自外地的外來者

1. 本章參考自以下資料：Detective Paul Lebsock, "Statement of Investigating Officer, Report Number: 15-173057," Spokane County, July 1, 2015; Senate Law and Justice Committee, "Majority Report: Investigation of Department of Corrections Early-Release Scandal," Washington State Senate, May 24, 2016, and witness statements; Carl Blackstone and Robert Westinghouse,

"Investigative Report, Re: Department of Corrections, Early Release of Offenders," Yarmuth Wilsdon PLLC (firm), February 19, 2016; Joseph O'Sullivan and Lewis Kamb, "Fix to Stop Early Prison Releases Was Delayed 16 Times," *Seattle Times*, December 29, 2015, http://www.seattletimes.com/seattle-news/crime/fix-to-stop-early-prison-releases-delayed-16-times; Joseph O'Sullivan, "In 2012, AG's Office Said Fixing Early-Prisoner Release 'Not So Urgent,'" *Seattle Times*, December 20, 2015, http://www.seattletimes.com/seattle-news/politics/in-2012-ags-office-called-early-prisoner-release-not-so-urgent; Kip Hill, "Teen Killed When Men Broke into Tattoo Shop, Witness Tells Police," *Spokesman-Review*, May 28, 2015, http://www.spokesman.com/stories/2015/may/28/teen-killed-when-men-broke-into-tattoo-shop; Kip Hill, "Mother of Slain Spokane Teenager Files $5 Million Claim Against State," *Spokesman-Review*, February 26, 2016, http://www.spokesman.com/stories/2016/feb/26/mother-of-slain-spokane-teenager- les-5-million-c; Nina Culver, "Second Suspect Arrested in Burglary, Murder of 17-Year-Old," *Spokesman-Review*, July 23, 2015, http://www.spokesman.com/stories/2015/jul/23/second-suspect-arrested-burgglary-murder-17-year-o; Mark Berman, "What Happened After Washington State Accidentally Let Thousands of Inmates Out Early," *Washington Post*, February 9, 2016, https://www.washingtonpost.com/news/post-nation/wp/2016/02/09/heres-what -happened-after-the-state-of-washington-accidentally-let-thousands-of-inmates-out-early/; and Bert Useem, Dan Pacholke, and Sandy Felkey Mullins, "Case Study—The Making of an Institutional Crisis: The Mass Release of Inmates by a Correctional Agency," *Journal of Contingencies and Crisis Management* (in press). 我們非常感謝參議員Mike Padden（2016年7月21日專訪）和撥冗提供精闢見解。感謝Dan Pacholke 和Sandy Mullins，兩位都參與危機管理，也為故事背景提供廣泛政策討論。

2. 參議員助理回覆事實查核郵件（June 30, 2017）指出，DOC誤解2002年法庭判決並非因為程式錯誤，而是人為疏失。因此，該助理表示，DOC請軟體開發師來執行系統、修正之前的誤解。這些程式設計師非常盡職,把軟硬體都設計得很好,但是,把錯誤推給程式錯誤並無法將衝擊減到最低、侷限影響範圍,或說服人相信這只是個小錯誤。

3. Senate investigators' interview with Dr. Jay Ahn, February 21, 2016, "Majority Report: Investigation of Department of Corrections Early-Release Scandal."

4. Senate investigators' interview with Ira Feuer, February 19, 2016, from witness statements, "Majority Report: Investigation of Department of Corrections Early-Release Scandal."

5. Personal interview with Senator Mike Padden on July 21, 2016.

6. 索賠由華盛頓州代梅迪納的母親及凱薩‧梅迪納進行。2017年達成賠償325萬美元的協議。Personal interview with Chris Davis, of Davis Law Group P.S., on August 23, 2017.

7. 齊美爾一生、思想和影響,見Lewis A. Coser, "Georg Simmel's Style of Work: A Contribution to the Sociology of the Sociologist," *American Journal of Sociology* 63, no. 6 (1958): 635–41; Lewis A. Coser, *Masters of Sociological Thought* (New York: Harcourt Brace Jovanovich, 1971); Donald N. Levine, Ellwood B. Carter, and Eleanor Miller Gorman, "Simmel's Influence on American Sociology," *American Journal of Sociology* 81, no. 4 (1976): 813–45; and Rosabeth Moss Kanter and Rakesh Khurana, "Types and Positions: The Significance of Georg Simmel's Structural Theories for Organizational Behavior," in Paul S. Adler, ed., *The Oxford Handbook of Sociology and Organization Studies: Classical Foundations* (New York: Oxford University Press, 2009), 291–306.

8. Coser, *Masters of Sociological Thought*, 195.

9. 這封信出自於Dietrich Schäfer之手,英文版見Coser, "Georg Simmel's Style of Work," 640–41.

10. Georg Simmel, "The Stranger," in D. Levine, ed., *On Individuality and Social Forms* (Chicago: University of Chicago Press, 1971), 143 – 49.

11. 同上,145–46.

12. 同上, 145.

13. Leandro Alberti is quoted in Lester K. Born, "What Is the Podestà?" *American Political Science Review* 21, no. 4 (1927): 863–71.

14. Dennis A. Gioia, "Pinto Fires and Personal Ethics: A Script Analysis of Missed Opportunities," *Journal of Business Ethics* 11, no. 5 (1992): 379– 89. See also Jerry Useem's excellent article "What Was Volkswagen Thinking?" *Atlantic*, January/February 2016, https://www.theatlantic.com/magazine/archive/2016/01/what-was-volkswagen-thinking/419127.

15. Gioia, "Pinto Fires and Personal Ethics," 382.

16. 同上, 388. For more on Denny Gioia and the Pinto case, see Malcolm Gladwell's fascinating essay "The Engineer's Lament," *New Yorker*, May 4, 2015, http://www.newyorker.com/magazine/2015/05/04/the-engineers-lament.

17. 本章內容，我們參考自Sonari Glinton, "How a Little Lab in West Virginia Caught Volkswagen's Big Cheat," National Public Radio, September 24, 2015, http://www.npr.org/2015/09/24/443053672/how-a-little-lab-in-west-virginia-caught-volkswagens-big-cheat; and Jason Vines's interview with Bob Lutz, *The Frank Beckmann Show*, WJR-AM, Detroit, Michigan, February 16, 2016.

18. Jason Vines's interview with Bob Lutz, *The Frank Beckmann Show*.

19. Bob Lutz quoted by Alisa Priddle, "VW Scandal Puts Diesel Engines on Trial," *Detroit Free Press*, September 26, 2015, http://www.freep.com/story/money/cars/2015/09/26/vw-cheat-emissions-diesel-engine-fallout/72612616. Emphasis ours.

20. Jason Vines's interview with Bob Lutz, *The Frank Beckmann Show*.

21. 同上。

22. 本章內容取材自我們於2016年11月9日對丹‧卡爾德的專訪，以及西維州大學報告替代性燃料、引擎和排放中心為國際乾淨運輸委員會（ICCT）所準備的報告：Gregory J. Thompson et al., "In-Use Emissions Testing of Light-Duty Diesel Vehicles in the United States" (2014). 研究人員與加州空氣資源局合作的實驗室測試，稍後敘述於內文中。

23. Personal interview with Dan Carder on November 9, 2016.

24. Thompson et al., "In-Use Emissions Testing of Light-Duty Diesel Vehicles in the United States," 106.

25. Personal interview with Dan Carder on November 9, 2016.

26. Thompson et al., "In-Use Emissions Testing of Light-Duty Diesel Vehicles in the United States."

27. Personal interview with Alberto Ayala on March 2, 2017.公共資訊官員回覆事實查核郵件（May 17, 2017），加州空氣資源局（CARB）公共資訊專員寫道：

    CRAB其實是（占一半）西維州大學廢氣研究的合夥研究單位。國際乾淨運輸委員會（ICCT）從該計畫一開始就要納入我們的工程師和設備。艾伯托·艾亞拉在ICCT介入之前，就從歐洲方面聽聞福斯汽車在歐盟的高排放數字，並就此不斷進行討論。因此，CARB不僅僅是交出研究結果，我們也積極參與獲取結果的過程。我相信我們做了實驗室測試、西維州大學做了車載排放量測試（PEMs），並使用我們位於艾爾蒙特的設施來分析測試數據。

    我要說的是，CARB在整件事當中扮演的並非被動的角色，我們從頭到尾（如果這件事真有結尾的話）直接參與。我們之所以對此不多張揚，是因為我們也是執行監管與調查的單位。

    我們請他進一步澄清，他回覆道（May 22, 2017）：「我們已經在進行調查。我們確定這項研究符合CARB業務目的、需要完成，接著，決定點（分岔點）在於，我們要獨自進行，還是與其他單位合作。我們曾和許多大學合作過，這一次是西維州大學。」

28. Personal interview with Alberto Ayala on March 2, 2017.

29. Staff Report, "Bosch Warned VW About Illegal Software Use in Diesel Cars, Report Says," *Automotive News*, September 27, 2015, http://www.autonews.com/article/20150927/COPY01/309279989/bosch-warned-vw-about-illegal-software-use-in-diesel-cars-report-says.

30. Diana T. Kurylko and James R. Crate, "The Lopez Affair," *Automotive News*

Europe, February 20, 2006, http://europe.autonews.com/article/20060220/
ANE/60310010/the-lopez-affair.

31. Kate Connolly, "Bribery, Brothels, Free Viagra: VW Trial Scandalises Germany," *Guardian*, January 13, 2008, https://www.theguardian.com/world/2008/jan/13/germany.automotive.

32. "Labor Leader Receives First Jail Sentence in VW Corruption Trial," *Deutsche Welle*, February 22, 2008, http://www.dw.com/en/labor-leader-receives-first-jail-sentence-in-vw-corruption-trial/a-3143471.

33. 關於福斯汽車公司的文化，我們參考自2017年3月2日對理查・米爾恩的訪問，以及Bob Lutz, "One Man Established the Culture That Led to VW's Emissions Scandal," *Road & Track*, November 4, 2015, http://www.roadandtrack.com/car-culture/a27197/bob-lutz-vw-diesel-fiasco.

34. Lutz, "One Man Established the Culture That Led to VW's Emissions Scandal."

35. Lucy P. Marcus, "Volkswagen's Lost Opportunity Will Change the Car Industry," *Guardian*, October 25, 2015, https://www.theguardian.com/business/2015/oct/18/volkswagen-scandal-lost-opportunity-car-industry.

36. Richard Milne, "Volkswagen: System Failure," *Financial Times*, November 4, 2015, https://www.ft.com/content/47f233f0-816b-11e5-a01c-8650859a4767.

37. Personal interview with Richard Milne on March 2, 2017.

38. Jack Ewing, "Researchers Who Exposed VW Gain Little Reward from Success," *New York Times*, July 24, 2016, https://www.nytimes.com/2016/07/25/business/vw-wvu-diesel-volkswagen-west-virginia.html.

39. Perrow, "Organizing to Reduce the Vulnerabilities of Complexity," 155.

40. 本章節參考的是the Presidential Commission on Space Shuttle *Challenger* Accident, *Report to the President by the Presidential Commission on the Space Shuttle Challenger Accident* (Washington, DC: Government Printing Office, 1986); and Diane Vaughan's excellent book, *The Challenger Launch Decision: Risky Technology, Culture, and Deviance at NASA*, enl. ed. (Chicago: University of Chicago Press, 2016). 我們也要感謝沃恩教授接受我們的訪

問。當然，內容若有任何錯誤，都是我們自己的疏失。關於「挑戰者號」意外的深入探討，見Malcolm Gladwell, "Blowup," *New Yorker*, January 22, 1996, http://www.newyorker.com/magazine/1996/01/22/blowup-2.

41. Vaughan, *The Challenger Launch Decision*, 62–64.

42. 同上, 120.

43. 同注41, 62.

44. Roger Boisjoly, "SRM O-Ring Erosion/Potential Failure Criticality," Morton Thiokol interoffice memo, July 31, 1985, included in the report of the Presidential Commission on the *Challenger* Accident, Vol. 1, 249.

45. Richard Cook, "Memorandum: Problem with SRB Seals," NASA, July 23, 1985. Included in the report of the Presidential Commission on the *Challenger* Accident, Vol. 4, 1–2.

46. Georg Simmel, "The Stranger," in *The Sociology of Georg Simmel*, translated and edited by Kurt H. Wolff (New York: The Free Press, 1950), 404.

47. 欲進一步了解「哥倫比亞號」災難，見 William Starbuck and Moshe Farjoun, eds., *Organization at the Limit: Lessons from the Columbia Disaster* (Malden, MA: Blackwell, 2005); Julianne G. Mahler, *Organizational Learning at NASA: The Challenger and Columbia Accidents* (Washington, DC: Georgetown University Press, 2009); Diane Vaughan, "NASA Revisited: Theory, Analogy, and Public Sociology," *American Journal of Sociology* 112, no. 2 (2006): 353–93; Roberto, Bohmer, and Edmondson, "Facing Ambiguous Threats"; and "Strategies for Learning from Failure."

48. Vaughan, *The Challenger Launch Decision*, xiv–xv.

49. Admiral Harold Gehman, "*Columbia* Accident Investigation Board Press Briefing," August 26, 2003, https://govinfo.library.unt.edu/caib/events/press_briefings/20030826/transcript.html.

50. 我們要感謝JPL許多人員的協助，包括聯合工程局裡的人員，特別是Brian Muirhead, Bharat Chudasama, Chris Jones, 和Howard Eisen。本章節內容來自於2016年9月13日我們在JPL與他們進行的廣泛討論。

51. Arthur G. Stephenson et al., "Mars Climate Orbiter Mishap Investigation Board Phase I Report," November 10, 1999, ftp://ftp.hq.nasa.gov/pub/pao/reports/1999/MCO_report.pdf; and Arden Albee et al., "Report on the Loss of the Mars Polar Lander and Deep Space 2 Missions," March 22, 2000, https://spaceflight.nasa.gov/spacenews/releases/2000/mpl/mpl_report_1.pdf.

52. Theodore T. Herbert and Ralph W. Estes, "Improving Executive Decisions by Formalizing Dissent: The Corporate Devil's Advocate," *Academy of Management Review* 2, no. 4 (1977): 662–67; and Michael A. Roberto, *Why Great Leaders Don't Take Yes for an Answer: Managing for Conflict and Consensus* (Upper Saddle River, NJ: FT Press, 2013).

53. Yosef Kuperwasser, "Lessons from Israel's Intelligence Reforms," The Saban Center for Middle East Policy at the Brookings Institution, Analysis Paper no. 14 (2007): 4.

54. Bill Simmons, "Welcome Back, Mailbag," May 19, 2016, http://www.espn.com/espn/print?id=2450419; see also Bill Simmons, "The VP of Common Sense Offers His Draft Advice," June 20, 2007, http://www.espn.com/espn/print?id=2910007.

55. 誠如亞當・格蘭特教授在他的著作 *Originals* (New York: Viking, 2016)所說，當你只因為有提出異議的責任而說出建言時，人們比較不會嚴肅視之，你得誠摯地說出所擔心的議題。（相關研究請見Charlan Nemeth, Keith Brown, and John Rogers, "Devil's Advocate Versus Authentic Dissent: Stimulating Quantity and Quality," *European Journal of Social Psychology* 31, no. 6 [2001]: 707–20; and Charlan Nemeth, Joanie B. Connell, John D. Rogers, and Keith S. Brown, "Improving Decision Making by Means of Dissent," *Journal of Applied Social Psychology* 31, no. 1 [2001]: 48–58.）這一點很重要，因此我們不建議隨機選出組員來進行人為的角色扮演練習。反之，我們認為由外來者——沒有從一開始就參與決策過程的人——更能帶來客觀看法，也能看出組內人士錯失的問題。的確，研究顯示，如果外來者的批評是以周全的書寫形式呈現，則能提供所有組員在審議之前思考一番，

這對整個決策小組很有幫助。（見Charles R. Schwenk, "Effects of Devil's Advocacy and Dialectical Inquiry on Decision Making: A Meta-Analysis," *Organizational Behavior and Human Decision Processes* 47, no. 1 [1990]: 161–76. 當然，就像格蘭特所說的，真實的異議還是要比刻意激出來的異議更有用。我們認同：協助員工由衷表達異議是處於危險地帶的重要任務。（見本書第七章）

56. Personal interview with "Sasha Robson" (pseudonym) on June 5, 2017.

第十章　意外狀況！

1. 本故事來源是巴瑞・許夫（Barry Schiff）精彩的文章"Saving Jobs," *AOPA Pilot*, April 5, 2016, https://www.aopa.org/news-and-media/all-news/2016/april/pilot/proficient. 我們與巴瑞聯絡，他熱心地介紹他兒子，機長布萊恩・許夫，給我們認識，布萊恩提供了更多細節（2016年11月2日專訪）。許夫機長的引述多來自該次專訪。為讓故事簡單易懂，我們將那班飛機稱為包機，技術上來說，該飛機由馬庫拉的公司所擁有，依聯邦航空管理局（FAA）規定的第九十一部分飛行，應該不能算是「包機」。

2. Dismukes, Berman, and Loukopoulos, *The Limits of Expertise*.

3. Personal interview with "Daniel Tremblay" (pseudonym) on April 6, 2017.

4. Tinsley, Dillon, and Madsen, "How to Avoid Catastrophe," 97. 該故事最早出現在Martin Landau and Donald Chisholm, "The Arrogance of Optimism: Notes on Failure-Avoidance Management," *Journal of Contingencies and Crisis Management* 3, no. 2 (1995): 67–80.

5. 該故事內容以及我們對於更新與軌跡管理的理解參考自Marlys Christianson (personal interview on January 16, 2017). For the research behind these ideas, see Marlys Christianson, "More and Less Effective Updating: The Role of Trajectory Management in Making Sense Again," *Administrative Science Quarterly* (forthcoming).

6. 關於平衡的教訓也適用於領導者管理複雜危機：他們需要在管理、鼓勵、創新和異議中取得平衡；見Faaiza Rashid, Amy C. Edmondson, and Herman B. Leonard, "Leadership Lessons from the Chilean Mine Rescue," *Harvard Business Review* 91, no. 7–8 (2012): 113–19.

7. Castaldo, "The Last Days of Target."

8. Personal interview with Chris Marquis on February 24, 2017.

9. Christopher Marquis and Zoe Yang, "Learning the Hard Way: Why Foreign Companies That Fail in China Haven't Really Failed," *China Policy Review* 9, no. 10 (2014): 80–81.

10. Helen H. Wang, "Can Mattel Make a Comeback in China?" *Forbes*, November 17, 2013, https://www.forbes.com/sites/helenwang/2013/11/17/can-mattel-make-a-comeback-in-china/#434cc2961527.

11. David Starr and Eleanor Starr, "Agile Practices for Families: Iterating with Children and Parents," AGILE Conference, Chicago, Illinois (2009), http://doi.ieeecomputersociety.org/10.1109/AGILE.2009.53.

12. Bruce Feiler, "Agile Programming—For Your Family," TED Talk, February 2013, https://www.ted.com/talks/bruce_feiler_agile_programming_for_your_family?language=en.

13. 欲進一步了解如何管理出其不意的事件，見 Karl Weick and Kathleen Sutcliffe's magisterial book, *Managing the Unexpected: Resilient Performance in an Age of Uncertainty*, 2nd ed. (San Francisco: Jossey-Bass, 2007). 關於如何從意外的全國大災難中復原個案研究，見Michael Useem, Howard Kunreuther, and Erwann Michel-Kerjan, *Leadership Dispatches: Chile's Extraordinary Comeback from Disaster* (Palo Alto, CA: Stanford University Press, 2015).

14. 我們提到的特警隊和電影劇組如何應付意外，是根據以下著作：Beth A. Bechky and Gerardo A. Okhuysen, "Expecting the Unexpected? How SWAT Officers and Film Crews Handle Surprises," *Academy of Management Journal* 54, no. 2 (2011): 239–61.

15. 同上, 246.

16. 同註14, 247.

17. 同註14, 246.

18. 同註14, 253.

19. 同註14, 255.

20. Morten T. Hansen, "IDEO CEO Tim Brown: T-Shaped Stars: The Backbone of IDEO's Collaborative Culture," January 21, 2010, http://chiefexecutive.net/ideo-ceo-tim-brown-t-shaped-stars-the-backbone-of-ideoaes-collaborative-culture__trashed.

21. 我們對於本事件的描述參考自SEC針對臉書IPO出錯的報告："In the Matter of the NASDAQ Stock Market, LLC and NASDAQ Execution Services, LLC," Administrative Proceeding File No. 3-15339, May 29, 2013. 值得留意的是，國家運輸安全委員會報告的目的是確認意外發生的原因，而SEC報告則列出起訴納斯達克的基本立場。我們也訪談了當時位居要職的某位納斯達克資深人員，以及事件發生不久便離職的某資深技術人員。

22. U.S. Securities and Exchange Commission, "NASDAQ Stock Market, LLC and NASDAQ Execution Services, LLC," Administrative Proceeding File No. 3-15339, May 29, 2013, https://www.sec.gov/litigation/admin/2013/34-69655.pdf, 6. Emphasis ours.

結語　崩潰的黃金年代

1. Jim Haughey, *The First World War in Irish Poetry* (Lewisburg, PA: Bucknell University Press, 2002), 182.

2. Ed Ballard, "Terror, Brexit and U.S. Election Have Made 2016 the Year of Yeats," *Wall Street Journal*, August 23, 2016, https://www.wsj.com/articles/terror-brexit-and-u-s-election-have-made-2016-the-year-of-yeats-1471970174.

3. Steven Pinker and Andrew Mack, "The World Is Not Falling Apart," *Slate*, December 22, 2014, http://www.slate.com/articles/news_and_politics/foreigners/2014/12/the_world_is_not_falling_apart_the _trend_lines_reveal_

an_increasingly_peaceful.html. For more on this fascinating topic, see Steven Pinker, *The Better Angels of Our Nature: Why Violence Has Declined* (New York: Viking, 2011).

4. Jared Diamond, *Collapse: How Societies Choose to Fail or Succeed* (New York: Viking, 2005); Al Gore, *The Future: Six Drivers of Global Change* (New York: Random House, 2013); and Jeffrey D. Sachs, *Common Wealth: Economics for a Crowded Planet* (New York: Penguin Press, 2008).

5. Mohamed El-Erian, *The Only Game in Town: Central Banks, Instability, and Avoiding the Next Collapse* (New York: Random House, 2016).

6. Max H. Bazerman and Michael Watkins, *Predictable Surprises: The Disasters You Should Have Seen Coming, and How to Prevent Them* (Boston: Harvard Business School Press, 2004); and Michele Wucker, *The Gray Rhino: How to Recognize and Act on the Obvious Dangers We Ignore* (New York: St. Martin's Press, 2016).

7. See, for example, Alliance for Board Diversity, "Missing Pieces Report: The 2016 Board Diversity Census of Women and Minorities on Fortune 500 Boards," http://www2.deloitte.com/us/en/pages/center-for-board-effectiveness/articles/board-diversity-census-missing-pieces.html; C. Todd Lopez, "Army Reviews Diversity in Combat Arms Leadership," July 19, 2016, https://www.army.mil/article/171727/army_reviews_diversity_in_combat_arms_leadership; and Gregory Krieg and Eugene Scott, "White Males Dominate Trump's Top Cabinet Posts," CNN, January 19, 2017, http://www.cnn.com/2016/12/13/politics/donald-trump-cabinet-diversity/index.html.

8. See, for example, Aleda V. Roth, Andy A. Tsay, Madeleine E. Pullman, and John V. Gray, "Unraveling the Food Supply Chain: Strategic Insights from China and the 2007 Recalls," *Journal of Supply Chain Management* 44, no. 1 (2008): 22–39; Zoe Wood and Felicity Lawrence, "Horsemeat Scandal: Food Safety Expert Warns Issues Have Not Been Addressed," *Guardian*, September 4, 2014, https://www.theguardian.com/uk-news/2014/sep/04/horsemeat-food-

safety-expert-chris-elliott; and "Horsemeat Scandal: Food Supply Chain 'Too Complex'—Morrisons," BBC News, February 9, 2013, http://www.bbc.com/news/av/uk-21394451/horsemeat-scandal-food-supply-chain-too-complex-morrisons.

9. Eric Schlosser, *Command and Control: Nuclear Weapons, the Damascus Accident, and the Illusion of Safety* (New York: Penguin Press, 2013).

10. See, for example, Dan Lovallo and Olivier Sibony, "The Case for Behavioral Strategy," *McKinsey Quarterly*, March 2010, http://www.mckinsey.com/business-functions/strategy-and-corporate-finance/our-insights/the-case-for-behavioral-strategy; Günter K. Stahl, Martha L. Maznevski, Andreas Voigt, and Karsten Jonsen, "Unraveling the Effects of Cultural Diversity in Teams: A Meta-Analysis of Research on Multicultural Work Groups," *Journal of International Business Studies* 41, no. 4 (2010): 690–709; and Edmondson, "Psychological Safety and Learning Behavior in Work Teams."

11. Ole J. Benedictow, "The Black Death: The Greatest Catastrophe Ever," *History Today* 55, no. 3 (2005): 42; and Barbara Tuchman, *A Distant Mirror: The Calamitous 14th Century* (New York: Alfred A. Knopf, 1978).

12. Mark Wheelis, "Biological Warfare at the 1346 Siege of Caffa," *Emerging Infectious Diseases* 8, no. 9 (2002): 971.

13. 我們對於這些議題的競爭理論的理解,參考自University of Glasgow Samuel K. Cohn教授的專訪(May 2, 2017)和他的文章 "Book Review: The Black Death 1346–1353: The Complete History," *New England Journal of Medicine* 352 (2005): 1054–55.

14. Benedictow, "The Black Death."

財經企管 BCB658

系統失靈的陷阱
杜絕風險的聰明解決方案

作者 —— 克里斯・克利菲爾德（Chris Clearfield）、
　　　　　安德拉斯・提爾席克（András Tilcsik）
譯者 —— 劉復苓

事業群發行人／CEO／總編輯 —— 王力行
資深行政副總編輯 —— 吳佩穎
特約主編暨責任編輯 —— 許玉意
封面設計 —— 周家瑤

出版者 —— 遠見天下文化出版股份有限公司
創辦人 —— 高希均、王力行
遠見・天下文化・事業群　董事長 —— 高希均
事業群發行人／CEO —— 王力行
天下文化社長／總經理 —— 林天來
國際事務開發部兼版權中心總監 —— 潘欣
法律顧問 —— 理律法律事務所陳長文律師
著作權顧問 —— 魏啟翔律師
社址 —— 台北市104松江路93巷1號
讀者服務專線 —— (02) 2662-0012
傳真 —— (02)2662-0007；(02)2662-0009
電子郵件信箱 —— cwpc@cwgv.com.tw
直接郵撥帳號 —— 1326703-6號　遠見天下文化出版股份有限公司

電腦排版 —— 李秀菊
製版廠 —— 東豪印刷事業有限公司
印刷廠 —— 祥峰印刷事業有限公司
裝訂廠 —— 聿成裝訂股份有限公司
登記證 —— 局版台業字第2517號
總經銷 —— 大和書報圖書股份有限公司　電話／(02) 8990-2588
出版日期 —— 2018年11月30日第一版第一次印行

國家圖書館出版品預行編目（CIP）資料

系統失靈的陷阱：杜絕風險的聰明解決方案／
克里斯・克利菲爾德（Chris Clearfield），安
德拉斯・提爾席克（András Tilcsik）著；劉
復苓譯. -- 第一版. -- 臺北市：遠見天下文化，
2018.11
面；　公分. --（財經企管；BCB658）
譯自：MELTDOWN : WHY OUR SYSTEMS FAIL
　　　 AND WHAT WE CAN DO ABOUT IT
ISBN 978-986-479-590-1（平裝）

1. 風險管理　2. 系統社會學

494.6　　　　　　　　　　　　107019749

定價 —— NT$450
ISBN: 978-986-479-590-1
書號 —— BCB658
天下文化官網 —— bookzone.cwgv.com.tw

（英文版 ISBN-13: 978-0735222632）

天下文化
Believe in Reading